SO LOCKE ICH VÖGEL IN MEINEN GARTEN

DK

SO LOCKE ICH VÖGEL IN MEINEN GARTEN

DAN ROUSE

INHALT

VORWORT

Vögel leben in unserer Nähe. Für mich waren sie immer ein wichtiger Teil meines Lebens.

Schon als ich vier Jahre alt war, liebte ich die Vögel. Es begann damit, dass wir ein Futterhäuschen bauten. In der Nähe unseres Hauses gibt es einen Park mit alten Bäumen, und ich war fasziniert von den Vögeln, die unseren Garten besuchten. Als wir das Futterhäuschen aufgestellt hatten, kamen noch mehr Vögel, und ich konnte ihr Verhalten beobachten. Das Futterhäuschen steht heute noch im Garten, und Haussperlinge und Stare sind die häufigsten Gäste.

Besonders mein Vater hat meine Begeisterung für die Vogelwelt und die Natur immer unterstützt, und ich durfte im Garten in jedem Winkel einen Nistkasten oder Futterspender anbringen. Schon in meiner Kindheit habe ich bei allen Ausflügen ein Fernglas und ein Vogelbestimmungsbuch mitgenommen. Je mehr ich über die Vogelwelt lerne, desto mehr liebe ich sie, und heute freue ich mich, wenn ich andere Menschen mit meiner Begeisterung anstecken kann.

Viele Vogelarten sind selten geworden, weil ihre Lebensräume geschrumpft sind. Deshalb ist es wichtig, dass wir die Vögel schützen. Jeder kann im eigenen Zuhause damit anfangen. Vögel kümmern sich nicht darum, ob Sie in einer Wohnung mit einem Balkon leben, an einer belebten Straße oder in einem Haus mit großem Garten. Jeder kann wie ich Vögel anlocken. Im ersten Kapitel dieses Buchs finden Sie Informationen über die Lebensweise und das Verhalten der Vögel. Dann folgen Kapitel über die Fütterung, Nistgelegenheiten, vogelfreundliche Pflanzen, Wasserstellen und Hinweise zur Hygiene und zum Vogelschutz. Schließlich werden 56 Vogelarten vorgestellt, die Gärten besuchen. Einige sind uns allen sehr vertraut, und jede Art hat ein charakteristisches Verhalten. Wenn Sie Ihren Garten vogelfreundlich gestalten, werden Sie sich während des ganzen Jahres an den gefiederten Gästen erfreuen.

Mit Futterspendern locken Sie mehr Vögel in Ihren Garten. Sie können die Spender sogar selbst herstellen und mit Ihrer eigenen Futtermischung füllen.

DAS VERHALTEN DER VÖGEL

DAS VERHALTEN DER VÖGEL

Wenn Sie Ihren Garten mit den Vögeln teilen, verwandelt er sich in ein wunderschönes Stück Natur. Bald werden Sie die charakteristischen Verhaltensweisen einzelner Arten wahrnehmen. Sie können miterleben, was die Jahreszeiten für die Vögel bedeuten und wann sie Nester bauen und ihre Jungen großziehen.

Stieglitze kann man heute in Gärten häufiger beobachten. Sie besuchen spezielle Futterspender und picken im Winter die Samen aus den Fruchtständen von Karden.

VÖGEL IM GARTEN

Vögel faszinieren. Sie bringen Bewegung und Leben in den Garten, und die einzelnen Arten haben charakteristische Gesänge und Rufe.

Für viele häufige Vogelarten sind Gärten heute wichtiger denn je. Die meisten Vögel, die unsere Gärten besuchen, kommen aus der Agrarlandschaft oder aus Wäldern. Sie werden immer seltener, denn riesige Flächen werden intensiv bewirtschaftet. Die Vögel sind deshalb auf Gärten angewiesen, die ihnen Nahrung und Nistgelegenheiten bieten. Sie können Vögel in Ihren Garten locken, indem Sie ihnen Nahrung, Nistgelegenheiten, Deckung und Wasser bieten.

Eine Futterstation bietet willkommene Nahrung. Es gibt spezielle Futterspender für bestimmte Arten, wie z. B. Stieglitze. Andere Modelle sind bei vielen Arten beliebt. Mit einer Kombination verschiedener Modelle lockt man unterschiedliche Vögel an.

Vögel sind leicht und stromlinienförmig, um fliegen zu können. Wenn Sie die Bezeichnungen der Körperteile kennen, können Sie die Merkmale, die zur Bestimmung wichtig sind, besser erfassen.

Vögel spielen in der Ökologie Ihres Gartens und seiner Umgebung eine wichtige Rolle. Sie fressen Blattläuse, Raupen und Schnecken und verbreiten die Samen von Bäumen und anderen Pflanzen. Das gilt für jeden Ort im Freien: auch in Hinterhöfen und auf Balkonen.

Auch wenn Sie nicht viel über Vögel wissen, macht es Spaß, sie zu beobachten, aber vielleicht möchten Sie noch mehr erfahren. Wenn Sie in der Lage sind, die einzelnen Arten zu bestimmen, können Sie herausfinden, welche Vögel Ihren Garten besuchen. Größe, Gestalt und Farbe sind erste Hinweise. Wenn Sie die Namen der verschiedenen Körperpartien kennen (oben), können Sie die Art bestimmen (siehe S. 158–185) und mit ähnlichen Arten vergleichen. Im Lauf der Zeit werden Sie auch die Rufe und Gesänge verschiedener Arten erkennen, ihre typischen Bewegungsmuster und ihre Gestalt im Flug. Einige Arten sind scheu und halten sich nahe dem Erdboden auf, andere flattern von Baum zu Baum. Manche sitzen hoch in den Baumkronen und kommen selten in einen Garten. Wenn Sie häufige Gäste gut kennen, werden Ihnen auch ungewöhnliche Gartenbesucher auffallen.

In den Baumkronen
Flinke Grasmücken und Meisen huschen durch das Blätterdach, das Schutz vor Fressfeinden bietet. Im Frühjahr und Sommer schafft das Laub Deckung und im Herbst und Winter bieten dichte Äste und Zweige Schutz vor Greifvögeln.

Nester auf Bäumen
Viele Vögel, wie Ringeltauben, sitzen am liebsten in der Krone. Baumläufer sind mit ihrem bräunlich gemusterten Gefieder gut getarnt, wenn sie an Stämmen und Ästen klettern.

Am Boden
Drosseln, Krähen und Tauben verbringen viel Zeit am Boden. Zwischendurch fliegen sie zu einem Ansitz. Kleinere Vögel, wie Zaunkönige und Heckenbraunellen, huschen zwischen Sträuchern und Stauden umher und sind mit ihrem bräunlichen Gefieder kaum zu erkennen.

VERHALTENSWEISEN UND INTERAKTIONEN

Vögel fressen und nisten in vielen Lebensräumen und brauchen abwechslungsreiche Strukturen.

Jede Vogelart hat spezielle Bedürfnisse, deshalb können viele Arten gemeinsam in einem Gebiet leben. Nahrung und Deckung sind für Vögel lebenswichtig, und einzelne Arten suchen ihr Futter in bestimmten Gebieten, je nach ihrem Nahrungsspektrum. Auch die Suche nach Nistmaterial und der Nestbau sind ein wichtiger Teil des Vogellebens. Einige Vogelarten sind territorial, besonders zur Brutzeit. Sie verteidigen mit ihrem Gesang ein Revier gegen Konkurrenten und vertreiben diese oft vehement.

Im vogelfreundlichen Garten (siehe S. 98–99) gibt es Bereiche mit Sträuchern und Stauden, wo sich scheuere Arten wie Zaunkönige aufhalten können. Bäume werden von vielen Arten genutzt. Einige nisten in den Kronen und suchen dort nach Insekten oder Samen. Mit Kletterpflanzen an Mauern oder Zäunen können Sie ähnliche Lebensräume schaffen. Drosseln und andere Arten verbergen sich bei Störung in niedriger Vegetation. Nistkästen und hängende Körbe (siehe S. 78–79) sind eine Ergänzung zur natürlichen Deckung im Garten.

In Löchern und Spalten Spalten und Höhlen in Baumstämmen bieten Vögeln Schutz. Schnäpper nisten in größeren Spalten, während Spechte tiefe Nisthöhlen klopfen.

Kübelpflanzen und niedrige Sträucher bieten Vögeln, die am Boden Futter suchen, Deckung. In Sträuchern und auf Bäumen ruhen und nisten zahlreiche Arten.

WIE VÖGEL FUTTER SUCHEN

Der Körperbau, vor allem die Füße und der Schnabel, lassen darauf schließen, wie eine Art Nahrung sucht.

Vögel müssen nährstoffreiches Futter fressen, denn sie verbrauchen viel Energie. Wenn Sie beeinflussen möchten, welche Vogelarten Ihren Garten besuchen, und insgesamt mehr Vögel anlocken wollen, können Sie viele verschiedene Gelegenheiten zur Nahrungssuche in der Natur schaffen (siehe S. 98–119). Im Garten gibt es im Wesentlichen vier Bereiche, in denen Vögel ihre Nahrung suchen.

Am Boden

Größere Vögel, die sich von Insekten und Würmern ernähren, und Arten, die Aas und Abfälle fressen, wie Krähen, Möwen und Tauben, suchen am Erdboden nach Futter. In Gärten fällt oft Futter aus Spendern und Futterhäusern auf den Boden und lockt diese Arten an. **Arten, die am Boden fressen, sind u. a.:** Amsel, Wacholderdrossel, Singdrossel, Misteldrossel, Rotdrossel, Ringeltaube, Türkentaube, Aaskrähe, Nebelkrähe, Dohle und Elster.

Drosseln suchen vor allem am Boden Nahrung. Sie fressen Würmer, andere wirbellose Tiere und herabgefallene Futterreste.

In den Bäumen

In Bäumen finden Vögel Samen und Früchte, aber auch Insekten und ihre Larven. Viele Arten sind auf Insekten angewiesen, die sie in der Rinde und auf Blättern finden. Auch Samenfresser, wie Finken, füttern ihre Küken mit Raupen.

Vögel, die in den Bäumen fressen, sind u. a.: Grünspecht, Buntspecht, Kleinspecht, Haus- und Gartenrotschwanz und Baumläufer.

Spechte (wie der Buntspecht links) und Baumläufer stochern in Rindenspalten nach Insekten.

Vorratslager

Einige Vögel sammeln Nüsse und größere Nahrungsbrocken und legen in Baumhöhlen Vorratslager an, vor allem während der kälteren Monate. Diese Arten verteidigen ihre Reviere, um ihre Vorräte zu beschützen.

Vögel, die Vorräte horten, sind u. a.: Kleiber, Tannenmeise und Eichelhäher.

Eichelhäher verstecken Nüsse in Baumspalten und vergraben Eicheln im Erdboden.

In Sträuchern und niedriger Vegetation

Auch Blütenpflanzen und Sträucher liefern Nahrung. Viele Arten sind bei der Futtersuche auf diese Deckung angewiesen.

Vögel, die in niedriger Vegetation Nahrung suchen, sind u. a.: Heckenbraunelle, Kohlmeise, Gartengrasmücke und Zaunkönig.

Zaunkönige bleiben in Gebüschen und dichten Rabatten, wo sie vor Feinden sicherer sind. Sie fangen dort Insekten.

WO VÖGEL NISTEN

Vogeleltern brauchen einen sicheren Ort, an dem sie ihre Jungen großziehen können.

Zu bestimmten Jahreszeiten bauen Vögel Nester, legen Eier und ziehen ihre Jungen groß. Einige Arten nisten hoch über dem Erdboden. Manche leben zum Schutz vor Feinden in Kolonien, andere nisten am Boden und verteidigen das Nest aggressiv. Nachtaktive Vögel nisten dort, wo sie sich während des Tages sicher fühlen, wie in Baumhöhlen oder Nistkästen. Einige Vogelarten bauen ihre Nester an Gebäuden und in Ställen oder Gartenschuppen.

Im Gebüsch

Drosseln nisten meistens in Sträuchern oder Hecken. Dort sind das Gelege und später die Jungvögel geschützt. Auch Schwanzmeisen nisten in Sträuchern. Sie bauen kugelige Nester, die sie an Ästen befestigen.
Zu den Arten, die in Sträuchern nisten, gehören: Amsel und andere Drosseln, Heckenbraunelle, Schwanzmeise.

Amseln verwenden Zweige, Moose und Blätter, die sie im Garten finden. Sie bauen ein schüsselförmiges Nest, das sie mit Gräsern auslegen.

An offeneren Stellen

Viele Vogelarten bauen ihre Nester in Bäumen, Sträuchern und Hecken, wo sie vor Fressfeinden besser geschützt sind. Von oben können sie nach Gefahren Ausschau halten. Einige größere Vögel, wie Tauben, nisten an offeneren Stellen. Finken bauen ihre Nester auf Ästen und verwenden Zweige und Moose, die sie häufig mit Spinnenseide zusammenheften.
Zu den Arten, die an offenen Stellen nisten, gehören: Ringeltaube, Türkentaube, Stieglitz, Grünfink und Erlenzeisig.

Türkentauben bauen unordentliche Nester aus Zweigen.

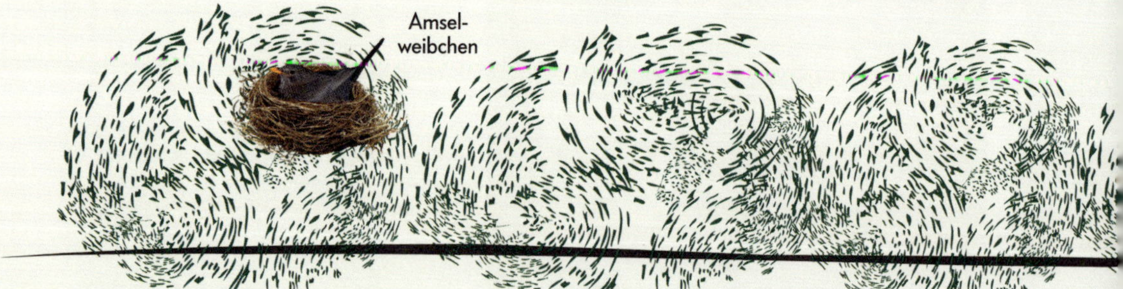

Elster

In den Baumkronen

Je höher das Nest sich befindet, desto sicherer sind die Vögel vor Räubern am Boden. Viele Rabenvögel bauen ihre Nester hoch in den Baumkronen. Dort nisten und schlafen sie in Gruppen oder großen Kolonien.
Zu den Vögeln, die in den Baumkronen nisten, gehören: Saatkrähe, Dohle, Elster, Raben- und Nebelkrähe.

Anders als Saatkrähen und Dohlen nisten Elstern nicht in Kolonien.

Waldkauz

In Baumhöhlen

Einige Vögel nisten in Höhlen, die besonderen Schutz bieten, wie z. B. in Löchern in Baumstämmen. Käuze und Spechte beziehen tiefe Höhlen, an deren Grund es dunkel ist. Stare nisten in einer Höhle mit einem kleinen Einflugloch, durch das der Kopf eines Räubers nicht passt.
Zu den Vögeln, die in Baumhöhlen nisten, gehören: Hausrotschwanz, Blaumeise, Kohlmeise, Bunt- und Kleinspecht.

Waldkäuze nisten in großen Höhlen in alten Bäumen, aber sie nehmen auch spezielle Nisthilfen an. Tagsüber ruhen sie meist in einer Höhle.

AUFZUCHT DER JUNGEN

Viele Vögel brüten in unserer Nähe an natürlichen Plätzen oder in Nisthilfen und ziehen im Garten ihren Nachwuchs groß.

Während der Brutzeit ist es faszinierend zu beobachten, wie die Vogeleltern sich um ihren Nachwuchs kümmern. Viele Jungvögel tragen bereits ein ähnliches Gefieder wie die Altvögel, aber es ist unauffälliger gefärbt. Im Herbst mausern sie sich und tragen dann das Alterskleid. Mit dem Jugendkleid sind sie besser getarnt. Die Jungvögel einiger Arten unterscheiden sich deutlicher von ihren Eltern. Junge Rotkehlchen z. B. tragen keinen roten Fleck auf der Brust. Junge Stare sind bräunlich und ihr Gefieder hat noch keinen metallischen Glanz.

Bei vielen Jungvögeln ist der Sperrrachen leuchtend gelb oder rot gefärbt, auch noch einige Zeit nach dem Verlassen des Nests. Die Ränder, die auch bei geschlossenem Schnabel sichtbar sind, sind ein gutes Merkmal, wenn man bestimmen möchte, welcher Art ein Jungvogel angehört. Auch das Verhalten ist ein Hinweis auf die Art. Oft sitzen Jungvögel in der Deckung und warten darauf, dass die Eltern ihnen Nahrung bringen. Wenn sich ein Altvogel nähert, betteln sie, indem sie ihre Flügel abspreizen und den Schnabel weit aufsperren. Im Nest geben sie hohe Laute von sich, wenn sie um Aufmerksamkeit und Futter konkurrieren.

Junge Vögel sperren ihren Schnabel im Nest weit auf. Die Eltern können den Schnabel dann kaum verfehlen. Bei einigen Arten ist der Sperrrachen ultraviolett gefärbt, sodass er im Dämmerlicht einer Baumhöhle sichtbar ist.

Die Nestlinge spähen oft aus dem Nest, wenn sie hören, dass sich ein Elternvogel nähert. Sie geben hohe Laute von sich und konkurrieren um Aufmerksamkeit, denn jeder möchte natürlich zuerst gefüttert werden.

WAS TUN, WENN EIN JUNG-VOGEL AUS DEM NEST FÄLLT?

Am besten ist es meistens, den Vogel in Ruhe zu lassen und wegzugehen. Die Vogeleltern kommen sehr wahrscheinlich zu ihrem Nachwuchs zurück. Oft sind sie in der Nähe und warten, bis Sie weg sind. Wenn der Jungvogel auf der Straße oder einem Bürgersteig sitzt und Katzen oder Hunden ausgesetzt ist, dann setzen Sie ihn an einen sicheren Ort in der Nähe, wo die Eltern ihn finden. Wenn nach einigen Stunden kein Altvogel zurückgekehrt ist, nehmen Sie Kontakt mit einem Tierschutzverein auf.

Dieser Feldsperling stopft seinem Nachwuchs Futter in den Schnabel, das der Jungvogel gierig verschlingt.

REGELMÄSSIG IM GARTEN

Viele Vögel verbringen ihr ganzes Leben im selben Gebiet, wenn Nahrung und Nistgelegenheiten vorhanden sind.

Regelmäßige Besucher im Garten sind bald ein gewohnter Anblick. Wenn Sie diese Vögel bei der Nahrungssuche und der Aufzucht ihrer Jungen beobachten, lernen Sie ihre Gewohnheiten gut kennen. Bald werden Sie wissen, welche Vogelart welche Bereiche Ihres Gartens bevorzugt. Wenn Sie Ihren Garten vogelfreundlich gestalten und mit Futterspendern und einem Vogelbad ausstatten, werden Sie sicherlich viele dieser häufigen Gartenvögel erleben.

Rotkehlchen

Rotkehlchen sind unverkennbare Gartenvögel. Sie singen fast während des ganzen Jahres. Oft halten sie sich in der Nähe auf, wenn man im Garten arbeitet, denn sie picken Insekten und Würmer aus dem Boden, nachdem er umgegraben wurde. Die kleinen Vögel sind sehr territorial und verteidigen ihre Brut- und Nahrungsreviere aggressiv gegen andere Vögel (siehe auch S. 167).

Blaumeise

Blaumeisen sieht man oft an Futterspendern. Sie sind agile, unterhaltsame Gäste. Diese kleinen blau-gelben Vögel fressen fast alles, was man ihnen anbietet. Sie nisten gern in Gärten. Nistkästen nutzen sie im Winter auch als Schlafplätze (siehe auch S. 176).

Kohlmeise

Die größte Meise mit grünem Rücken und gelbem Bauch sieht man in Gärten häufig. Der Ruf, der wie „tsitsibäh, tsitsibäh" klingt, gehört zu den charakteristischsten im Garten. Kohlmeisen konkurrieren oft aggressiv mit Blaumeisen um Nistplätze (siehe auch S. 175).

Stieglitz

Die bunten, auffälligen Vögel sind oft in lauten Schwärmen unterwegs. Sie vergesellschaften sich mit anderen Finken, wie Grünfinken und Erlenzeisigen, vor allem im Winter. Futterspender im Garten besuchen sie gern, besonders wenn man ihnen Nigersamen anbietet (siehe auch S. 183).

Star

Die geschwätzigen Vögel sind in Schwärmen unterwegs und ahmen oft von einem Baum aus andere Vögel nach, bevor sie zum Futterspender kommen. Sie lieben Futterknödel und Fettblöcke. Stare werden seltener, denn sie finden nicht mehr genügend Nistgelegenheiten, wie geeignete Dachtraufen. Auch Nahrungsmangel ist eine Ursache, denn in der Landwirtschaft werden massiv Schädlingsvernichtungsmittel eingesetzt (siehe auch S. 181).

Amsel

Amseln sieht man oft in Hinterhöfen und über Rasenflächen hüpfen. Sie suchen nach wirbellosen Tieren und herabgefallenen Samen und singen wunderschön. Das Männchen ist schwarz und das Weibchen braun gefleckt. Amseln nisten häufig in Gärten, z. B. in Hecken oder Schuppen (siehe auch S. 171).

Haussperling

Haussperlinge sieht man in Innenstädten und auf dem Land. Sie suchen die Nähe des Menschen und besuchen Futterspender, und man hört sie fröhlich tschilpen. Sie nisten in Kolonien. Weil es immer weniger Hecken und geeignete Dachtraufen gibt, wo sie nisten können, haben die Bestände stark abgenommen (siehe auch S. 181).

Ringeltaube

Diese sanften Riesen sieht man im Garten meistens am Boden unter Futterspendern. Sie picken Samen auf, die kleinere Vögel herausgeworfen haben. Ringeltauben brüten während des ganzen Jahres, und oft kann man ein klatschendes Geräusch hören, wenn sie vom Nest im Baum auffliegen (siehe auch S. 161).

FRÜHJAHRS- UND SOMMERGÄSTE

Zugvögel kommen aus wärmeren Regionen zu uns, wenn es in den Gärten Nahrung gibt.

Zu den Vögeln, die während des ganzen Jahres im Garten sind, gesellen sich Zugvögel. Viele kommen jedes Jahr ins gleiche Gebiet und beziehen oft sogar das gleiche Nest. Für uns sind diese Vögel ein Zeichen dafür, dass der Sommer beginnt. In den Frühlings- und Sommermonaten bauen sie ihre Nester, brüten die Eier aus und ziehen die nächste Generation auf.

Rauchschwalbe

Schwalben überwintern in warmen Regionen in Afrika und ziehen im Frühjahr nach Europa, wo sie den Sommer verbringen und ihre Jungen großziehen. Sie jagen über Gewässern und Feldern nach Insekten und bauen ihre becherförmigen Nester unter Dachtraufen und in Stallungen (siehe auch S. 164).

Mönchsgrasmücke

Einige der Vögel streifen in Europa umher. Aus kälteren Regionen, wie Skandinavien, kommen sie zur Brutzeit zu uns. Sie besuchen Futterspender und fangen Insekten. Andere Mönchsgrasmücken verbringen den Winter im Mittelmeergebiet und in Afrika und ziehen zum Brüten in nördlichere Teile Europas (siehe auch S. 171).

ANDERE SOMMERGÄSTE

- Dorngrasmücke
- Feldschwirl
- Fitis
- Gartengrasmücke
- Gartenrotschwanz
- Grauschnäpper
- Klappergrasmücke
- Kuckuck
- Mehlschwalbe
- Schilfrohrsänger
- Teichrohrsänger
- Turteltaube
- Zilpzalp

Mauersegler

Zu den typischen Geräuschen des Sommers in der Stadt gehören die Rufe der Mauersegler, die am Himmel ihre Bahnen ziehen. Diese Vögel ziehen von Afrika nach Europa, wo sie an hohen Gebäuden und in Nischen unter Fenstern nisten. Für ihre Nester verwenden sie Materialien, die sie im Flug sammeln und mit Speichel verkleben (siehe auch S. 162).

Trauerschnäpper

Es ist sehr unterhaltsam, den auffälligen Trauerschnäpper beim Insektenfang zu beobachten: Er fliegt von einem Ansitz auf und fängt in der Luft Insekten. Die Vögel ziehen von Zentralafrika nach Europa, wo sie brüten. Normalerweise nisten sie in dichten Wäldern, aber sie nehmen manchmal auch Nistkästen an. Die Männchen paaren sich mit mehreren Weibchen.

HERBST- UND WINTERGÄSTE

In den kälteren Monaten suchen Zugvögel nach Nahrung und Ruheplätzen und besuchen häufig Futterspender.

Während der Herbst- und Wintermonate ziehen Seidenschwänze und einige Drosselarten aus ihren Brutgebieten im Norden weiter in den Süden, um der Kälte und schlechtem Wetter zu entgehen. Sie halten sich dort auf, wo mehr Nahrung zur Verfügung steht, und besuchen auch Gärten. Die Schwärme sind laut und aktiv. Kleinere Vögel ziehen in Gruppen von Garten zu Garten, besuchen Futterspender und drängeln sich in der Nacht dicht aneinander.

Seidenschwanz

Diese wunderschönen Vögel mit der auffälligen Zeichnung ziehen im Winter von ihren nördlichen Brutgebieten in wärmere Regionen. Bäume, die Beeren tragen, bieten dann lebenswichtige Nahrung. Manchmal sieht man die Vögel auf Weißdorn und Ebereschen an Straßenrändern und in Städten. In Gärten fallen sie auch in Apfelbäume ein (siehe auch S. 166).

Rotdrossel

Rot- und Wacholderdrosseln kommen aus skandinavischen Brutgebieten zu uns. Sie ziehen im Winter in Richtung Westen und Süden in wärmere Gegenden. Typischerweise sieht man Schwärme in offenen Landschaften. Manchmal besuchen sie Gärten, wo sie nach Äpfeln und Beeren Ausschau halten (siehe auch S. 169).

ANDERE WINTERGÄSTE

- Amseln aus Skandinavien
- Bergfink
- Birkenzeisig
- Fichtenkreuzschnabel
- Gelbbrauen-Laubsänger
- Kernbeißer
- Schneeammer
- Wacholderdrossel
- Waldschnepfe

Erlenzeisig

Dieses auffällige Mitglied der Familie der Finken trifft man in einigen Gegenden während des ganzen Jahres an. Im Winter ziehen Erlenzeisige aus kälteren Regionen Europas in mildere Gebiete. Sie bilden mit anderen Finken, vor allem mit Birkenzeisigen, Schwärme und suchen auf Lärchen, Birken und Erlen Nahrung. Oft besuchen sie Gärten (siehe auch S. 184).

Star

Tausende Stare ziehen im Winter von Osteuropa nach Westen und kommen auch in unsere Gärten. Vor allem in Gegenden mit großen Röhrichtbeständen kann man Starenschwärme beobachten. Der Schwarm, der oft aus 100 000 Vögeln besteht, zieht in synchronen Bewegungen über den Himmel, bevor sich die Vögel an ihren Schlafplätzen niederlassen (siehe auch S. 181).

EIN VOGELFREUNDLICHER GARTEN

Vier Dinge müssen in einem vogelfreundlichen Garten vorhanden sein: Nahrung, Nistplätze, Pflanzen als Deckung und Wasser.

Wenn im Garten ausreichend Nahrung, geeignete Nistmöglichkeiten, Pflanzen als Deckung und Rückzug und Wasser zum Trinken und Baden vorhanden sind, werden ihn während des ganzen Jahres Vögel besuchen. Auch Zugvögel halten sich zeitweilig in Gärten auf.

Blaumeisen fangen jede Menge Insekten, um ihre Jungen großzuziehen. Sie fressen auch unterschiedliches Futter aus Spendern.

Nahrung

Vögel fressen alles, was ihnen zur Verfügung steht, egal, ob es Insekten am Gartenteich oder auf den Pflanzen sind oder Sämereien aus einem Futterspender, den Sie ihnen bereitstellen. Wenn Sie Futter anbieten, sollten Sie beachten, welche Arten in Ihren Garten kommen, und sich auch nach der Jahreszeit richten. Einige Vögel, wie Tauben und Krähen, fressen fast alles. Andere haben bestimmte Vorlieben und nehmen, was gut erreichbar ist oder was sie am besten zum Nest transportieren können, um ihre Jungen zu füttern. Gäste, die nur zu bestimmten Jahreszeiten kommen, brauchen fettreiches Futter, denn es liefert ihnen vor dem Zug Energie oder füllt danach ihre Reserven wieder auf. Probieren Sie aus, an welchen Stellen im Garten Futterspender am besten angenommen werden und welches Futter zu den verschiedenen Jahreszeiten beliebt ist. Treffen Sie Vorkehrungen, um Fressfeinde fernzuhalten (siehe auch S. 148–149).

Nisten

Schaffen Sie unterschiedliche Nistgelegenheiten. Das können Pflanzen sein, die den Vögeln Deckung und Schutz bieten, oder selbst gebaute oder gekaufte Nistkästen, auch solche, die speziell für bestimmte Vogelarten geeignet sind. Finden Sie heraus, wo im Garten Vögel nisten können, wie z. B. in hohen Bäumen, an Hauswänden oder in Gebäuden, in Hecken oder zwischen niedrigen Pflanzen. Jede Vogelart nutzt spezielle Nistgelegenheiten. Hilfreich ist es auch, Nistmaterial anzubieten, das die Vögel sammeln können (siehe auch S. 90–91). Es ist allerdings fast unmöglich, allen Vogelarten gerecht zu werden, es sei denn, Sie haben ein riesiges Gelände, denn viele Vögel sind territorial und halten zu den Nestern anderer territorialer Vögel Abstand.

Haussperlinge nisten in Kolonien und nutzen gern angebotenes Nistmaterial wie Wolle, Federn und Stroh.

Die Nester von Ringeltauben sind oft leicht zu entdecken. Suchen Sie in den Baumkronen, denn dort brüten sie auf einfachen Plattformen aus Zweigen.

Wacholderdrosseln und andere Drosseln fressen im Herbst Beeren und während des ganzen Jahres Insekten, Würmer und Schnecken.

Pflanzen

Die Pflanzen im Garten sollten den unterschiedlichen Bedürfnissen der Vögel gerecht werden. Blüten locken Insekten an, die wiederum Nahrung für Vögel sind. Manche Vogelarten fressen auch den Nektar und Pollen der Blüten. Im dichten Geäst und Laub von Sträuchern, Bäumen und Kletterpflanzen können Vögel ruhen und nisten und sich während der Nahrungssuche und der Aufzucht der Jungen kurz ausruhen. Bäume im oder nahe des Gartens liefern Nahrung, von Insekten bis hin zu Beeren und anderen Früchten, besonders im Winter, wenn andere Nahrungsquellen rar sind. Sogar als Wasserquellen können Pflanzen dienen, denn auf den Blättern sammeln sich Tau- und Regentropfen und die Früchte enthalten Wasser. An jedem Platz im Freien, wie auf Balkonen, in Höfen und Gärten, gedeihen vogelfreundliche Pflanzen (siehe auch S. 98–119).

Die agilen Blaumeisen suchen Pflanzen sorgfältig nach Insekten und Sämereien ab.

Wasser

Wenn Sie einen idealen Garten für die Vögel schaffen wollen, sollten Sie unbedingt eine Wasserstelle anbieten. Manche Vögel nehmen Tautropfen von Pflanzen auf, und auch in der Nahrung ist oft Wasser enthalten, aber die meisten Arten brauchen eine Wasserstelle, an der sie regelmäßig trinken können. Wasser ist auch der Lebensraum der Beutetiere vieler Vögel. Eulen und Käuze etwa erbeuten Frösche und Kröten oder stoßen herab, um kleine Säugetiere am Wasser zu fangen. Schwalben fressen Insekten und andere wirbellose Tiere, die sich im Wasser vermehren. Sie fangen sie über der Oberfläche von Wasserstellen im Garten, wie einem Vogelbad oder einem Teich. Auch ein Bad ist wichtig, denn so bleibt das Gefieder in gutem Zustand, und mit dem Wasser werden Parasiten und schädliche Bakterien entfernt (siehe auch S. 126–127).

Dieses Buchfinkenmännchen hat sich auf einem großen Stein im Teich niedergelassen, um zu trinken.

Stare sind soziale Vögel, die oft in Gruppen umherziehen. Diese Starenfamilie nimmt gemeinsam ein Bad.

VÖGEL FÜTTERN

VÖGEL FÜTTERN

Am einfachsten können Sie Vögel in Ihren Garten locken, indem Sie Futterspender aufstellen. Mit ein wenig Wissen darüber, welches Futter Sie in welchen Spendern anbieten können, lässt sich eine Futterstation einrichten, die von unterschiedlichen Arten besucht wird. Wenn Vögel bemerken, dass es im Garten Nahrung gibt (und sie merken es oft überraschend schnell), werden sie wiederkommen.

Blaumeisen gehören zu den unterhaltsamsten Gartenbesuchern. Hier fressen sie mit großer Begeisterung Erdnüsse.

FÜSSE UND FRESSVERHALTEN

Wenn man die Füße der Vögel genau betrachtet, kann man darauf schließen, was sie fressen und welche Futterspender sie nutzen.

Die Körpergröße und die Gestalt haben einen Einfluss darauf, wie geschickt Vögel sind. Die Füße, die an den natürlichen Lebensraum angepasst sind, spielen die größte Rolle bei der Nahrungssuche. Die häufigsten Gartenvögel kann man je nach Fußtyp in vier verschiedene Gruppen einteilen: Arten mit langkralligen Füßen, flachen Füßen, Spechtfüßen und Greifvogelfüßen.

Blaumeise

Mit den langen Krallen kann sich die Meise gut festhalten.

Langkrallige Füße

Viele kleinere Vögel haben schlanke Füße mit drei langen nach vorn weisenden Zehen und einer vierten, die nach hinten weist. An jeder sitzt eine lange, gekrümmte Kralle. Die Füße dienen zum Sitzen, Hüpfen und Laufen. Die Vögel können sich mit ihnen an dünnen Zweigen festhalten, Blau- und Kohlmeisen fressen sogar kopfüber. Baumläufer können sich sehr gut an Baumrinde festhalten, aber nicht am Boden laufen. Ihre Füße eignen sich nicht zum Beutefangen. Vögel mit langen Krallen haben Zugang zu vielen verschiedenen Futterspendern.

Zu diesen Arten gehören: Baumläufer, Kleiber, Fitis, Blaumeise, Kohlmeise, Schnäpper, Zilpzalp, Sommer- und Wintergoldhähnchen.

Grünspecht

Spechtfüße

Bei Spechten weisen zwei Zehen nach vorn und zwei nach hinten. Diese Kletterfüße geben ihnen an Baumstämmen Halt. Zusätzlich stützen sie sich mit dem Schwanz ab. Spechte holen typischerweise an Baumstämmen Larven aus der Rinde. Sie hämmern mit dem Schnabel in die Rinde und ziehen Insektenlarven heraus oder trinken Pflanzensaft. Auch Futterspender besuchen sie, und einige Arten hüpfen auf ihren kräftigen Füßen am Boden umher.

Zu diesen Arten gehören: Kleinspecht, Buntspecht und Grünspecht.

Eichelhäher

Sperber

Flache Füße

Viele Gartenvögel haben flache Füße mit drei Zehen, die nach vorn weisen, und einer nach hinten weisenden Zehe. Einige größere Arten, wie Drosseln und Sperlinge, fressen lieber am Boden oder auf flachen Unterlagen. Sie hüpfen umher und picken die Nahrung auf. Diese Arten sind oft untersetzter als die langkralligen Vögel, und sie bewegen sich in den Bäumen weniger geschickt. Mache, besonders die Singvögel, lassen sich bei der Futtersuche in Bäumen nieder.

Zu diesen Arten gehören: Haus- und Feldsperling, Heckenbraunelle, Zilpzalp, Gimpel, Goldammer, Amsel, Singdrossel, Misteldrossel, Rotdrossel, Wacholderdrossel, Türkentaube, Ringeltaube, Dohle, Elster, Eichelhäher.

Greifvogelfüße

Die Füße der Greifvögel, Eulen und Käuze sind daran angepasst, Beute zu fangen. Mit den gekrümmten Krallen wird das Opfer festgehalten, manchmal getötet und forttransportiert oder zu Boden gedrückt, während der Vogel frisst. Wenn Sie einen Sperber oder einen Kauz im Garten sehen, hält er wahrscheinlich nach Beute Ausschau.

Zu diesen Arten gehören: Sperber und Waldkauz.

SCHNABELTYP UND FRESSVERHALTEN

Die Form und Größe des Schnabels verrät viel über die Nahrung eines Vogels und oft auch, wie er Beute fängt.

Die Schnäbel der Gartenvögel unterscheiden sich in Form und Größe stark und sind an den Nahrungserwerb der jeweiligen Art angepasst. Manche Vögel holen Insekten aus Baumrinde, andere knacken Samen. Wenn Sie die Schnabeltypen Ihrer Gäste kennen, können Sie geeignete Futterspender aufstellen. Es gibt sechs Haupttypen: kurze Schnäbel, lange Schnäbel, Finkenschnäbel, Insektenfresserschnäbel, Spechtschnäbel und Greifvogelschnäbel.

Kurze Schnäbel

Meisen und andere kleine Vögel haben kurze Schnäbel, mit denen sie bequem Nahrung aufnehmen können. Diese Schnäbel sind nicht daran angepasst, nach Nahrung zu stochern, aber die Vögel können Insekten, Samen und Beeren fressen. Sperlinge haben kurze, dicke Schnäbel, ähnlich wie Finken. Sie können auf Futtertischen oder an hängenden Futterspendern fressen.
Zu diesen Arten gehören: Fitis, Blaumeise, Kohlmeise, Haus- und Feldsperling, Zilpzalp, Sommer- und Wintergoldhähnchen, Heckenbraunelle, Turtel- und Ringeltaube.

Kohlmeise

Lange Schnäbel

Vögel, die am Boden fressen, können mit ihren relativ langen Schnäbeln nach Würmern im Boden oder Insektenlarven in Äpfeln und anderen Früchten stochern. Drosseln pflücken mit ihren langen Schnäbeln Beeren von dornigen Sträuchern. Diese Vögel nehmen gern Äpfel, Mehlwürmer und Sämereien an, die in Futterspendern am Boden angeboten werden.
Zu diesen Arten gehören: Amsel, Singdrossel, Misteldrossel, Rotdrossel, Wacholderdrossel, Elster, Aaskrähe, Nebelkrähe, Saatkrähe, Eichelhäher und Dohle.

Amsel

Greifvogelschnäbel

Greifvögel und Eulen haben kurze, scharfkantige, kräftige Schnäbel. Alle sind Jäger, und manche fressen auch Aas. Sie fangen ihre Nahrung am Boden oder in der Luft und fliegen meistens zu einem Ansitz, um zu fressen. Größere Beute halten sie mit ihren Füßen fest und reißen mit dem Schnabel Stücke heraus .

Zu diesen Arten gehören: Waldkauz, Sperber.

Waldkauz

Insektenfresserschnäbel

Die Schnäbel der Insektenfresser sind klein und spitz. Sie sperren den Schnabel weit auf, um Insekten in der Luft zu fangen. Borsten an der Schnabelbasis dienen zur Wahrnehmung der Beute. Diese Vögel besuchen vor allem Gärten mit Teichen.

Zu diesen Arten gehören: Fitis, Mauersegler, Rauch- und Mehlschwalbe, Schnäpper.

Rauchschwalbe

Spechtschnäbel

Ein langer, kräftiger Spechtschnabel ist ideal, um in Baumrinde oder im Boden nach Ameisen und anderen Insekten zu stochern. Spechte haben sehr lange Zungen. Sie strecken sie aus, um Käferlarven und Ameisen aus Gängen und Spalten holen. An der Zunge sitzen Häkchen, und der Speichel ist klebrig, sodass Insekten haften bleiben. Spechte holen mit dem Schnabel auch Nüsse aus Futterspendern und knacken sie auf.

Zu diesen Arten gehören: Kleinspecht, Buntspecht und Grünspecht.

Buntspecht

Finkenschnäbel

Finken haben sehr vielfältige und oft auffällige Schnäbel. Sie sind kräftig und unterschiedlich groß. Manche eignen sich zum Knacken größerer Samen, andere, um vorsichtig weiche Samen aus Fruchtständen zu picken. Einige Finken besuchen gern Futterspender mit Sämereien und Erdnüssen, und mehrere Arten lieben sogenannte Nigersaat in speziellen Futterspendern.

Zu diesen Arten gehören: Gimpel, Grünfink, Stieglitz, Erlenzeisig, Kernbeißer, Birkenzeisig, Bergfink.

Gimpel

WELCHES FUTTER EIGNET SICH?

Es gibt viele Futtermischungen, von Standardmischungen bis hin zu solchen mit speziellen Zutaten.

Es ist gut zu wissen, welche Futtermischungen erhältlich sind und in welchem Futterspender (siehe S. 48–57) Sie sie anbieten können. Jede Mischung eignet sich für bestimmte Vogelarten, und einige Zutaten sollte man nur zu bestimmten Zeiten im Jahr verfüttern. Von energiereichen Sämereien beispielsweise profitieren die Vögel vor allem vor dem Zug.

Klassische Mischung

Sie enthält als Grundzutaten Gerste, Weizen und Getreideflocken (siehe S. 15) und meistens andere Sämereien. Die Mischung sollte nicht nur Grundzutaten enthalten, sondern auch zusätzliche Komponenten. Beachten Sie, dass Gerste keimt, wenn es feucht und hell ist. Eine klassische Mischung ist für die meisten Samenfresser geeignet. Bieten Sie sie in Futtersäulen, Futterhäusern und am Boden an.

Mischung für Vögel, die am Boden fressen

Solche Mischungen sind für Futterhäuschen und Spender am Boden zusammengestellt. Man kann sie während des ganzen Jahres an größere Vögel wie Tauben und Drosseln verfüttern. Die verschiedenen Varianten enthalten zusätzlich unterschiedliche nährstoffreiche Zutaten, wie zuckerhaltige Trockenfrüchte, oder vitaminreiche Bestandteile und fettreiche Sonnenblumenkerne.

Besonders energiereiche Mischung

Ähnlich wie eine klassische Mischung enthält diese viele eiweißreiche Zutaten, wie Sonnenblumenkerne und zerkleinerte Erdnüsse, und nicht so viele Grundzutaten (siehe Kasten S. 45). Während der Brutzeit liefert das Futter Vogeleltern zusätzliche Energie, und auch während des Vogelzugs sind solche Mischungen ideal. Sie sind oft sehr feinkörnig. Der Futterspender sollte deshalb an der Basis mit einem Teller versehen sein, der die kleinen Körner auffängt.

Mischung ohne Körner, die keimen können

Dieser Mix ähnelt einer klassischen Mischung, enthält aber keine Gerste. Wenn Samen auf den Boden fallen, keimen sie nicht, und auch in der Futtersäule enstehen keine Keimlinge. Oft sind diese Mischungen feiner als andere, aber sie sind für die meisten Vogelschnäbel geeignet und während des ganzen Jahres ein ideales Futter.

Nigersaat

Als Nigersaat, Nigersamen oder Nyjersaat bezeichnet man die kleinen schwarzen Samen des afrikanischen Ramtillkrauts. Sie sind das Lieblingsfutter vieler Finken. Für diese Samen sind spezielle Futterspender erhältlich, denn sie sind sehr fein. Sie können sie aber auch in normalen Futterspendern anbieten und ein Tablett oder einen Vogeltisch darunter stellen.

Erdnüsse

Ungesalzene Erdnüsse sind energiereich und haben einen hohen Unterhaltungswert, denn Sie können viele Vögel beim Fressen beobachten. Ganze Erdnüsse sind vor allem für Arten mit dickeren Schnäbeln geeignet, wie Spechte, aber auch für Kohlmeisen, die gern Vorräte anlegen. Sie können sie während des ganzen Jahres anbieten. Füttern Sie während der Wintermonate und während des Vogelzugs mehr, damit sich die Vögel Energiereserven zulegen können. Bieten Sie ganze Erdnüsse in Gittersilos an, sodass die Vögel sie mit ihren Schnäbeln knacken können. Auch zerkleinerte Erdnüsse sind erhältlich und können mit anderem Futter vermischt werden.

Mehlwürmer

Insektenfresser wie Rotkehlchen und Amseln lieben getrocknete Mehlwürmer. Sie sind eine Fett- und Eiweißquelle und Sie können sie zu Mischungen geben oder in einem Futterhäuschen oder auf dem Boden verfüttern. Weichen Sie sie zur Brutzeit über Nacht in Wasser ein, denn so sind sie für die Vögel leichter verdaulich.

Fettknödel

Fettknödel liefern nahrhaftes Fett, und in ihnen sind Sämereien und manchmal Insekten enthalten. Sie können auch selbst Knödel herstellen (siehe S. 46–47). Kaufen Sie keine Knödel in Plastiknetzen, denn kleine Vögel können sich mit den Füßen darin verfangen und ernsthafte Verletzungen zuziehen. Hängen Sie stattdessen einen Futterspender für Fettknödel auf. Auch Fettblöcke sind erhältlich.

Fettpellets

Solche Pellets können Vögel gut fressen und verdauen, und sie sind eine gute Energiequelle für Altvögel und flügge Jungvögel. Es sind verschiedene Sorten erhältlich, von solchen mit Insekten bis hin zu Pellets mit Beeren (oben). Amseln, Singdrosseln, Rotkehlchen und Stare mögen sie besonders gern. Sie können die Pellets pur in einem Gittersilo oder einem Spender am Boden verfüttern oder mit Sämereien vermischen.

SELBSTGEMACHTE FUTTERMISCHUNGEN

Statt eine fertige Mischung zu kaufen, können Sie Ihre eigene Mischung herstellen. Überlegen Sie sich, welche Konsistenz das Futter haben soll, und vermengen Sie dann die gewünschten Zutaten. Eine klassische Mischung besteht aus ungefähr 40 Prozent Grundzutaten, die für die Struktur sorgen, 35 Prozent energiereichen Zutaten und 25 Prozent Fett als zusätzliche Energiequelle. Geben Sie für eine besonders energiereiche Mischung mehr eiweißhaltige Zutaten dazu, wie Erdnüsse und Sonnenblumenkerne. Sie können die Mischung auf die Vogelarten in Ihrem Garten abstimmen und sie je nach Jahreszeit variieren. Eine Mischung mit viel Fett und Eiweiß ist im Winter und zur Zugzeit geeignet, bevor die Vögel aufbrechen. Am einfachsten ist es, zwei Tassen Grundzutaten, eine Tasse energiereiche Zutaten und eine halbe Tasse Fett zusammenzugeben. Vermischen Sie alles in einer Schüssel gut. Dieses Futter können Sie je nach Zusammensetzung in einer Futtersäule oder in einem Futterhäuschen anbieten.

- **Grundzutaten:** Haferflocken, andere Getreide, zerkleinerte Eierschalen, Samen von Obst und Gemüse.
- **Energiereiche Zutaten:** Sonnenblumenkerne (mit oder ohne Schale), zerkleinerte ungesalzene Nüsse, Getreide, Rosinen, andere Trockenfrüchte.
  Fett: Kokosfett oder Palmfett aus nachhaltigem Anbau, ungesalzener Rindertalg.

FETTKUCHEN HERSTELLEN

Fettknödel oder Fettkuchen in anderer Form kann man leicht selber machen, und auch Kindern macht es Spaß, sie herzustellen.

Sämereien, Nüsse und Stücke von Trockenfrüchten in Fett sind sehr nahrhaft und bei vielen Vogelarten beliebt. Sie können ähnliche Fettknödel herstellen wie die, die man kaufen kann, aber auch etwas anderes ausprobieren und das Fett in eine Form füllen, wie in einen Joghurtbecher oder eine halbe Kokosnussschale. Experimentieren Sie zu den verschiedenen Zeiten im Jahr mit unterschiedlichen Samenmischungen. Ein höherer Anteil an Fett und Eiweiß liefert den Vögeln während der Wintermonate und vor dem Zug Energie. Weiche und kleinere Sämereien sind zur Brutzeit für Altvögel geeignet, die ihre Jungen füttern. Sie können Ihre Vogelkuchen in einen Baum hängen oder an Futterstationen oder in einem Vogelhäuschen ausbringen.

1. Sämereien und Fett

Stellen Sie die Samen und sonstigen Zutaten zusammen. Geben Sie Kokos- oder Palmfett aus nachhaltigem Anbau in kleinen Stückchen dazu.

2. Vermischen Sie die Zutaten

In Ihren warmen Händen wird das Fett weich. Vermischen Sie es mit den Samen, sodass eine klebrige Mischung entsteht.

3. Formen Sie Kuchen

Bringen Sie das Fett und die Samenmischung in die gewünschte Form. Achten Sie darauf, dass die Körner möglichst gleichmäßig im Fett verteilt sind.

4. Lassen Sie die Kuchen härten

Stellen Sie die Vogelkuchen in einem offenen Gefäß in den Kühlschrank, sodass sie hart werden. Bestücken Sie dann den Futterspender im Garten.

KUCHEN IN ANDEREN FORMEN

Kuchen in Ausstechformen

Für kleine Finger sind Ausstechformen gut geeignet, um die Mischung in Form zu bringen. Stellen Sie die Ausstecher auf eine feste Unterlage und drücken Sie die Mischung hinein. Bohren Sie ein Loch für eine Schnur.

Große Kuchen

Verwenden Sie leere Joghurtbecher als Formen. Füllen Sie die Masse in den Becher und lassen Sie sie fest werden. Entfernen Sie dann den Becher. Nun können Sie einen Futterspender mit dem Kuchen bestücken.

VERSCHIEDENE FUTTERSPENDER

Die Futterspender, die im Handel erhältlich sind, sind für unterschiedliche Vogelarten geeignet.

Bei der Auswahl der Futterspender sollten Sie überlegen, welche Arten Sie anlocken wollen (siehe S. 42–45). Arrangieren Sie aus verschiedenen Futterspendern eine Futterstation in Ihrem Garten (siehe S. 58–59). Einige Futterspender stehen auf einem Tablett, das herabgefallene Sämereien auffängt. So bleibt der Boden sauber (siehe S. 148–149).

Bodenfütterungen

Solche Tische mit kurzen Beinen können Sie auf den Boden stellen. Wenn Sie das Futter nicht direkt auf den Erdboden streuen, keimen die Samen nicht und es bildet sich auch kein Schimmel. Diese Futtertische sind leicht zu reinigen und Sie können die Futtermischung variieren. Angelockt werden vor allem größere Arten. Kleinere Vögel sind am Boden sehr vorsichtig, denn hier ist die Gefahr größer, erbeutet zu werden.
Geeignet für: unterschiedlichste Arten, aber besonders für Finken mit flachen Füßen und langen Schnäbeln.

Futterhäuser

Häuser eignen sich für alle Futtersorten und jeden Garten. Futterhäuschen gibt es in unterschiedlichen Ausführungen, von solchen auf Pfosten bis hin zu Häuschen, die man an Ästen aufhängen kann. Sie sind in verschiedenen Materialien erhältlich, etwa in Holz oder Metall. Man kann sie mit Samenmischungen, Fettkuchen und anderem Futter befüllen.
Geeignet für: viele Vogelarten, je nach Größe der Bodenfläche.

Futtersäulen

Am praktischsten sind Futtersäulen aus Metall und aus Plastik. Sie eignen sich für die meisten Samenmischungen und es gibt sie in unterschiedlichen Größen. Einige haben zwei Öffnungen, andere vier oder mehr. Wenn Sie mehr gefiederte Gäste anlocken wollen, dann stellen Sie solche mit vielen Öffnungen auf. Die Ansitze sind Stangen aus Metall, Plastik oder Holz oder Plattformen. Eine Plattform an der Basis, die man entfernen kann, erleichtert das Reinigen.
Geeignet für: Finken und Vögel mit langen Krallen, flachen Füßen und kurzen Schnäbeln.

Gittersilos

Diese Futterspender aus Stahlgitter eignen sich für größere Stücke wie Erdnüsse und Fettpellets, aber man kann sie nicht mit Sämereien befüllen, denn sie würden durch das Gitter fallen. Um an die Nahrung zu gelangen, müssen die Vögel sich gut am Futterspender festhalten können. Nur Vogelarten mit kräftigen Schnäbeln können Erdnüsse und andere große Nüsse und Körner knacken.
Geeignet für: Vögel mit langen Krallen, wie Meisen und Kleiber, sowie Spechte.

Fettblöcke

Auch für Fettblöcke gibt es im Handel spezielle Futterspender. Andere Fettkuchen können Sie in einen Futterspender für Knödel in Säulen- oder Ringform füllen (siehe rechts).

Geeignet für: Spechte und Vögel mit langen Krallen, wie Meisen und Kleiber.

Spender für Futterknödel

Solche Futterspender gibt es in unterschiedlichen Ausführungen, wie diese Säule aus Metallgitter. Es gibt auch ringförmige Spender. Beide Ausführungen sind für viele Vogelarten geeignet.

Geeignet für: Spechte, Vögel mit langen Krallen, wie Meisen, Stare und Kleiber, sowie Arten mit flachen Füßen, wie Sperlinge.

Futtersäule für Nigersaat

Nigersaat besteht aus kleinen, weichen Samen, die im Futterspender oft verschwinden. Es lohnt sich, einen speziellen Spender mit kleinen Öffnungen zu kaufen, sodass Finken die Samen herauspicken können.
Geeignet für: Finken, besonders Stieglitze, sowie andere Arten mit kurzen Schnäbeln.

Kleine Futterhäuschen

Solche Futterspender kann man auf eine Mauer oder ein Fensterbrett stellen. Einige haben Saugnäpfe, mit denen man sie an der Fensterscheibe befestigen kann. Es sind unterschiedliche Modelle für verschieden große Vogelarten erhältlich, aber die meisten sind aus Acrylglas oder Holz. Man kann sie mit unterschiedlichen Samenmischungen befüllen.
Geeignet für: einige Finken und Vögel mit langen Krallen und kurzen Schnäbeln, wie Rotkehlchen.

WEITERE MÖGLICHKEITEN

Sie können auch Vögeln, die keine Futterspender besuchen, Nahrung anbieten. Wenn Sie in Rindenspalten oder in einen Pfosten mit Löchern Fett streichen, werden Spechte, Baumläufer, Meisen, Goldhähnchen, Kleiber und Dohlen angelockt. Alternativ können Sie getrocknete Früchte und Nüsse in Löcher stecken.

FUTTERSPENDER SELBER MACHEN

Solche Futterspender sind leicht zu machen und eine gute Möglichkeit, gebrauchte Plastikflaschen zu verwerten.

Aus sauberen Plastikflaschen können Sie unterschiedlich große Futterspender herstellen. Holzstäbe dienen als Ansitze für die Vögel. Die Spender können Sie mit klassischen Futtermischungen oder besonders energiereichen Mischungen befüllen, und sie eignen sich vor allem für Vögel mit kurzen Schnäbeln (siehe S. 40) und Arten mit langen Krallen (siehe S. 38). Bringen Sie die Futterspender an der Futterstation, an einem Ast oder Zaun oder auf dem Balkon an und füllen Sie sie regelmäßig auf. Für ihre gefiederten Gäste sind sie unwiderstehlich.

1. Bereiten Sie die Flasche vor

Waschen Sie die Plastikflasche gründlich aus. Befestigen Sie ein Stück Schnur am Hals der Flasche, sodass Sie sie später daran aufhängen können.

2. Bohren Sie Löcher

Bohren Sie mit einer Ahle zwei Löcher an gegenüberliegenden Seiten in die Flasche, sodass Sie die Sitzstange durchstecken können. Schneiden Sie zwei weitere Löcher mit je 2 cm Durchmesser über die Löcher für die Stange, sodass die Vögel an das Futter gelangen können.

3. Die Sitzstange

Stecken Sie nun einen Holzstab oder Ast als Sitzstange in die Flasche.

4. Befüllen Sie den Futterspender und hängen Sie ihn in den Garten

Kleben Sie die Futterlöcher mit Klebeband zu und gießen Sie Futter in die Flasche. Ein Trichter ist hilfreich. Entfernen Sie das Klebeband. Schrauben Sie die Flasche zu und hängen Sie den Futterspender auf.

Ein großes Modell

Nicht nur kleine Flaschen können Sie zu einem Futterspender umfunktionieren. Für einen größeren Spender eignen sich große Plastiktrinkflaschen. Bringen Sie eine oder zwei weitere Sitzstangen an (siehe 2 und 3).

Verschiedene Formen

Außer Trinkflaschen aus Plastik eignen sich auch große, durchsichtige Flaschen für Flüssigseife, Waschmittel oder Soßen.

EIN ZWEITES FUTTERSPENDERMODELL

Bei diesem Modell wird die Flasche umgekehrt aufgehängt. Die Körner fallen in einen Teller, der unten befestigt wird.

Aus anderen Plastikflaschen, wie Ketchup- und Soßenflaschen, kann man dieses Futterspendermodell herstellen. Es hat keine Sitzstangen aus Holzstäben. Stattdessen befindet sich ein Teller an der Basis, auf den sich die Vögel setzen und fressen können. Wenn er leergepickt wurde, fallen neue Körner in den Teller. Bei diesem Futterspendermodell wird die Flasche umgekehrt aufgehängt. Säubern Sie sie gründlich mit einem sanften Reinigungsmittel, bevor Sie mit der eigentlichen Arbeit beginnen, sodass das Futter später keine fremden Gerüche annimmt.

1. Vorbereitungen

Machen Sie zwei Löcher an der Basis der Flasche und ziehen Sie die Schnur durch.

2. Löcher für die Samen

Bohren Sie einige Löcher in den Hals der Flasche, durch die die Körner herausfallen können.

SPENDER AUS GLASFLASCHEN

Obwohl Plastikflaschen leicht und gut geeignet sind, können Sie auch Wein- oder Ölflaschen aus Glas verwenden. Sie können ein Gestell aus Holz mit einer Plattform bauen, auf der sich die Vögel zum Fressen niederlassen. Man kann auch Halterungen kaufen, mit denen man Flaschen als Futterspender anbringen kann. Befestigen Sie sie gut, sodass sie nicht herunterfallen und zerbrechen.

3. Ein Teller wird montiert

Befestigen Sie einen kleinen Teller am Hals der Flasche, in den die Körner fallen können. Zum Fressen können sich die Vögel auf dessen Rand setzen. Geeignet dafür sind Plastikschüsseln oder Untersetzer für Blumentöpfe. Nun können Sie den Spender befüllen.

EIN GROSSER FUTTERSPENDER

Eine Alternative zum Futterhäuschen ist ein Futterspender mit größeren Öffnungen, sodass die Vögel hineinhüpfen können.

Diese Variante ist etwas komplizierter zu bauen, denn Sie brauchen eine größere Flasche und scharfe Werkzeuge, um die Fenster hineinzuschneiden. Große Plastikflaschen für Flüssigseife oder Waschmittel eignen sich für diese Fütterung gut. Das Plastik muss so dick und stabil sein, dass Sie die Öffnungen gut hineinschneiden können. Reinigen Sie die Flasche gründlich, bevor Sie mit der eigentlichen Arbeit beginnen, denn Seifenreste, die am Futter haften, können den Vögeln schaden und Seifengeruch schreckt sie womöglich ab.

1. Vorbereitung

Reinigen Sie die Flasche und befestigen Sie eine Schnur am Flaschenhals, sodass Sie sie als Futterspender daran aufhängen können.

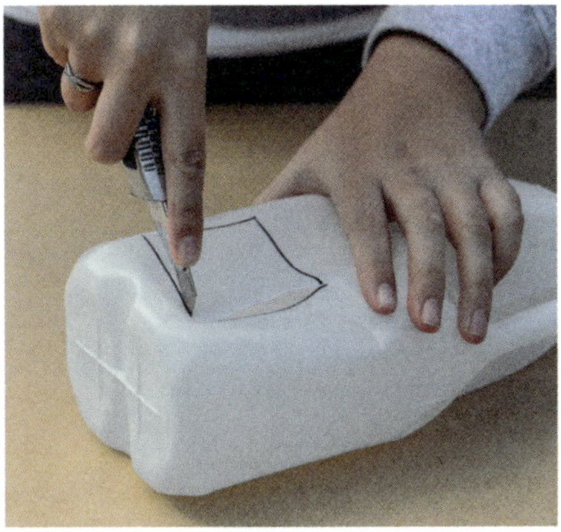

2. Fenster hineinschneiden

Schneiden Sie mit einem Skalpell oder einer Schere zwei Fenster in die gegenüberliegenden Seiten der Flasche. Die Fenster sollten so groß sein, dass sich die Vögel auf deren Ränder setzen können. Schleifen Sie die Ränder glatt.

FÜTTERUNG AUS TETRAPACK

Im Sommer können Sie dieses Modell aus einem Tetrapack-Behälter bauen. Es ist nicht so stabil wie eines aus einer Plastikflasche, vor allem bei Nässe, und Sie sollten die Fenster kleiner machen, damit der Karton nicht zu stark belastet wird, wenn Vögel sich niederlassen.

3. Sämereien einfüllen

Füllen Sie nun eine geeignete Samenmischung bis zum unteren Rand des Fensters auf den Boden des Futterspenders.

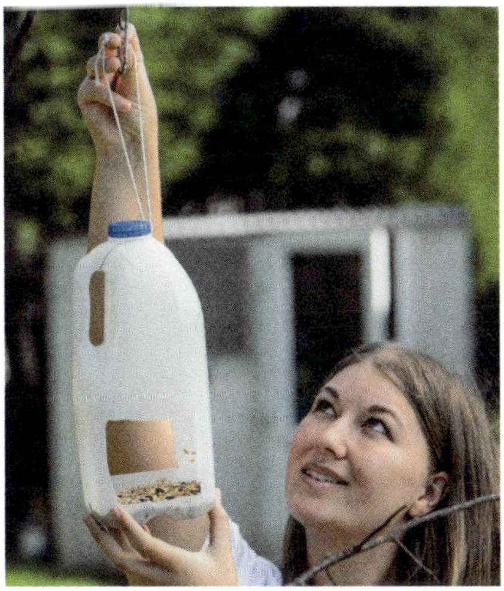

4. Hängen Sie die Fütterung auf

Hängen Sie den Futterspender im Garten auf. Weil nur wenige Samen hineinpassen, muss er relativ häufig wieder aufgefüllt werden.

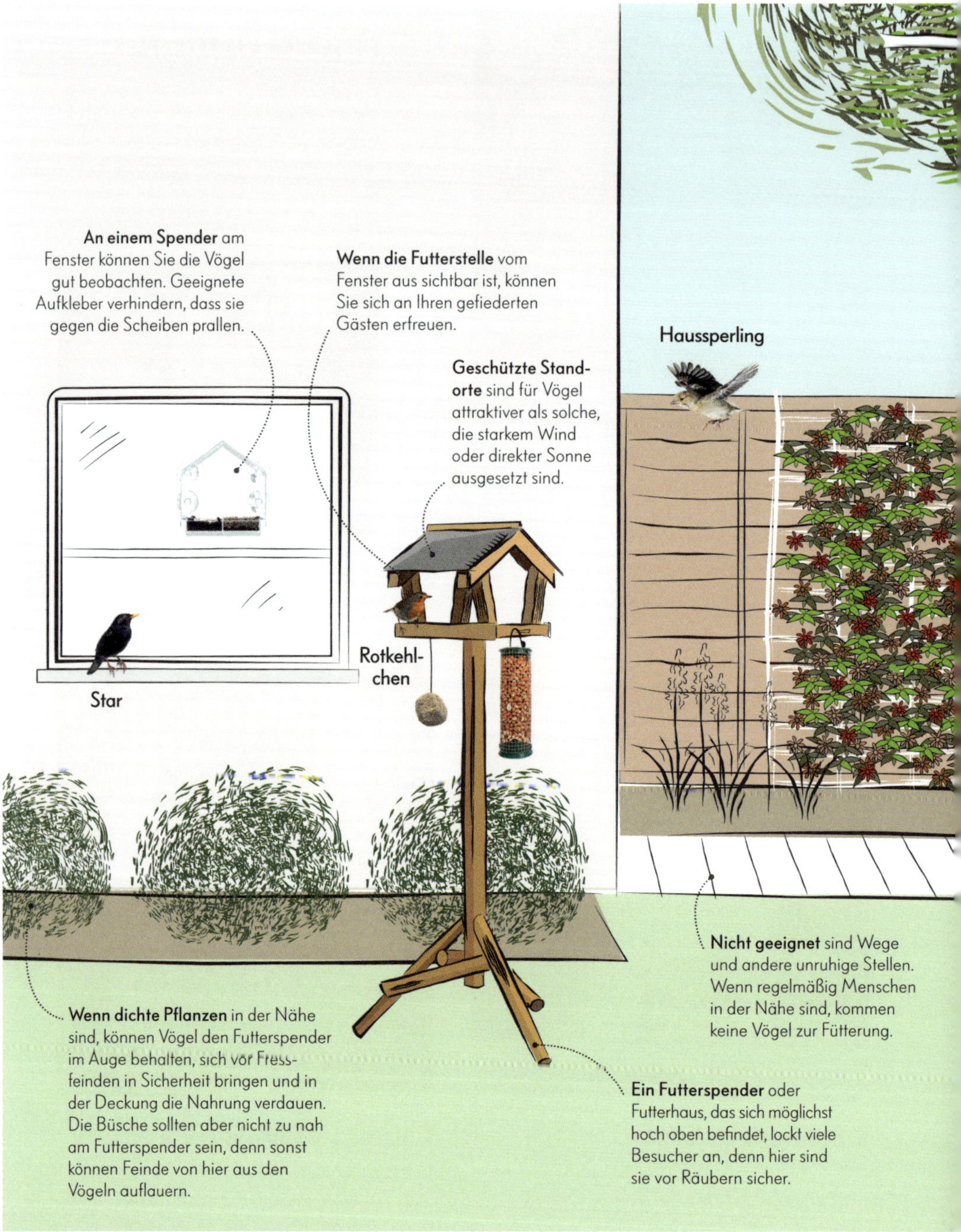
An einem Spender am Fenster können Sie die Vögel gut beobachten. Geeignete Aufkleber verhindern, dass sie gegen die Scheiben prallen.
Wenn die Futterstelle vom Fenster aus sichtbar ist, können Sie sich an Ihren gefiederten Gästen erfreuen.
Haussperling
Geschützte Standorte sind für Vögel attraktiver als solche, die starkem Wind oder direkter Sonne ausgesetzt sind.
Rotkehlchen
Star
Nicht geeignet sind Wege und andere unruhige Stellen. Wenn regelmäßig Menschen in der Nähe sind, kommen keine Vögel zur Fütterung.
Wenn dichte Pflanzen in der Nähe sind, können Vögel den Futterspender im Auge behalten, sich vor Fressfeinden in Sicherheit bringen und in der Deckung die Nahrung verdauen. Die Büsche sollten aber nicht zu nah am Futterspender sein, denn sonst können Feinde von hier aus den Vögeln auflauern.
Ein Futterspender oder Futterhaus, das sich möglichst hoch oben befindet, lockt viele Besucher an, denn hier sind sie vor Räubern sicher.

EINE FUTTERSTATION

Die Auswahl der Futtermischung und des Spenders ist nur der Anfang. Nun müssen Sie die besten Plätze für ihre Spender finden.

Mehrere Futterspender lassen sich gut zu einer Futterstation kombinieren. Hier können Sie unterschiedliches Futter anbieten, sodass viele Vogelarten angelockt werden. Eine Futterstationen kann ein Häuschen sein, an dem Sie unten Haken für weitere Futterspender anbringen. Auch in Bäume können sie mehrere Spender hängen. Sie können auch selbst ein Gerüst aus Metall oder Holz mit vielen Haken für unterschiedliche Futterspender bauen.

Bedenken Sie all dies, wenn Sie entscheiden, wo im Garten, Hinterhof oder auf dem Balkon sich die Station befinden soll. Schauen Sie sich die möglichen Plätze aus dem Blickwinkel der Vögel an: Kommen viele störende Menschen oder Haustiere in die Nähe? Ist das Futter gut zu sehen? Die Vögel müssen sich sicher fühlen. Können sie nach Räubern Ausschau halten? Ansitze, wie dicht belaubte Pflanzen in der Nähe, sind wichtig, sodass die Vögel zwischen dem Ansitz und der Futterstation hin und her fliegen können. Die Station muss außerdem für Sie gut zugänglich sein, damit Sie sie befüllen können.

Das Vogelhaus steht in einiger Entfernung zum Hauptweg, ist aber vom Haus aus gut zu sehen. Die Sträucher und Bäume in der Nähe bieten den Vögeln Deckung und Ansitze.

ZUSÄTZLICHE FUTTERSPENDER

Für scheue Vogelarten können Sie abseits der Hauptfutterstation weitere Futterspender anbringen.

In einem Garten kommen meistens verschiedene Vogelarten vor. Die Tiere bilden Rangordnungen aus, und kleinere Vögel werden oft von größeren oder aggressiveren vertrieben. Sie können zusätzliche Futterspender für Vögel anbieten, die an der Hauptfutterstation (siehe S. 58–59) nicht genügend Nahrung bekommen. Probieren Sie aus, welche Kombinationen am liebsten genutzt werden. Zusätzliche Futterspender können Sie an Zäunen, Bäumen, Fenstern oder am Boden platzieren.

Zäune und Außengebäude

Wenn sich Ihre Hauptfutterstation in der Mitte des Gartens befindet, passt eine zweite gut an einen Zaun oder einen Schuppen. Es kann eine Futtersäule oder ein Fettblock für kleinere Vogelarten sein.

Bäume

Wenn Bäume im Garten stehen, können Sie den zweiten Futterspender dort anbringen. Bäume bieten den Vögeln im Garten natürliche Deckung und sind gut geeignet, um ein Vogelhäuschen oder spezielle Futterspender anzubringen. Sie können den Futterspender auch am Stamm befestigen.

Fenster

Bei kleineren Gärten und Balkonen sollten Sie möglichst viele Stellen nutzen, die zur Verfügung stehen. Sie können die erste Futterstation auf einer freien Fläche platzieren und ein Fenster als zweite Futterstelle nutzen. Verschiedene Futterspender haben Vorrichtungen, mit denen man sie am Fenster befestigen kann. Vögel fliegen manchmal auf Bäume zu, die sich in einem Fenster spiegeln. Sie prallen gegen die Scheibe und sterben. Bringen Sie deshalb geeignete Aufkleber in der Nähe der Futterspender an, damit die Vögel wahrnehmen, dass es sich um ein hartes Hindernis handelt.

Bodenfütterungen

Mit Fütterungen am Boden können Sie größere Vögel in einiger Entfernung zur Hauptfutterstation anlocken. Bringen Sie hier zusätzliches Futter für die größeren Arten aus. Die kleineren Vögel können dann ungestört an der Hauptstation fressen.

Platzieren Sie eine zusätzliche Futterstation dort, wo ausreichend Platz ist, und experimentieren Sie mit verschiedenen Orten und Futterspendern. Von oben im Uhrzeigersinn: Rotkehlchen am Futterspender an einem Baum; Haussperling in einem Futterspender im Fenster; Bodenfütterung; Stare und Spatz an einem Gittersilo am Zaun.

FUTTERSPENDER, FUTTERSORTEN UND VOGELARTEN

Futterspender	Futtersorten	Schnäbel	Füße	Für folgende Arten geeignet:
Futtersäule 	• klassische Mischung • energiereiche Mischung • Mischung, die nicht keimt	• kurze Schnäbel • Finkenschnäbel	• lange Krallen • flache Füße	Blaumeise, Kohlmeise, Haussperling, Feldsperling, Buchfink, Erlenzeisig, Stieglitz, Grünfink, Gimpel
Gittersilo 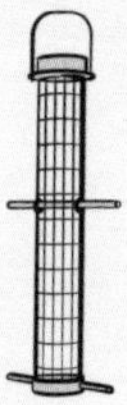	• Erdnüsse	• Spechtschnäbel	• lange Krallen • Spechtfüße	Kleinspecht, Buntspecht, Blaumeise, Kohlmeise, Kleiber
Futterhaus 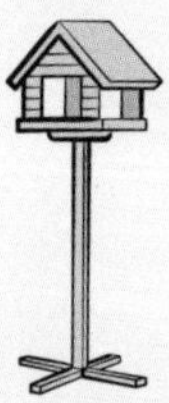	• klassische Mischung • energiereiche Mischung • Erdnüsse • Mischung für Bodenfütterung	• lange Schnäbel • kurze Schnäbel • Finkenschnäbel	• lange Krallen • flache Füße	Blaumeise, Kohlmeise, Haussperling, Baumsperling, Heckenbraunelle, Buchfink, Kernbeißer, Amsel, Türkentaube, Ringeltaube, Dohle
Bodenfütterung 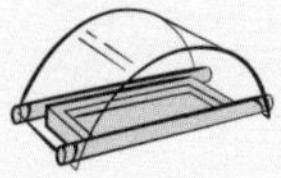	• Mischung, die nicht keimt • Mischung für Bodenfütterung • Erdnüsse	• lange Schnäbel • kurze Schnäbel • Finkenschnäbel	• lange Krallen • flache Füße	Blaumeise, Kohlmeise, Haussperling, Feldsperling, Heckenbraunelle, Goldammer, Buchfink, Amsel, Türkentaube, Ringeltaube, Dohle

Futterspender	Futtersorten	Schnäbel	Füße	Für folgende Arten geeignet:
Wandfütterung 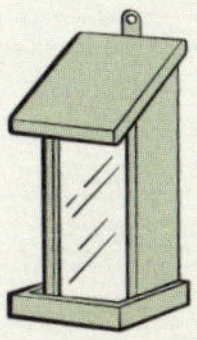	• klassische Mischung • energiereiche Mischung • Erdnüsse	• kurze Schnäbel • Finkenschnäbel	• lange Krallen	Blaumeise, Kohlmeise, Haussperling, Feldsperling, Heckenbraunelle, Buchfink, Erlenzeisig, Stieglitz, Grünfink
Fettknödel-Silo 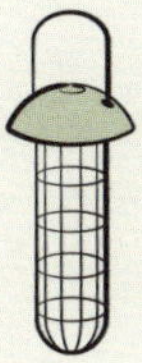	• Fettknödel • Fettblöcke	• kurze Schnäbel • Spechtschnäbel	• lange Krallen • Spechtfüße	Blaumeise, Kohlmeise, Kleinspecht, Buntspecht
Spender für Fettkuchen 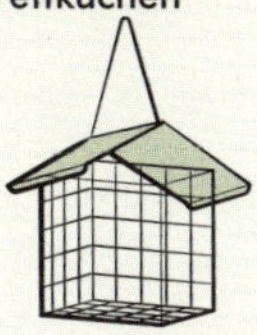	• Fettblöcke • andere Fettkuchen	• kurze Schnäbel • Spechtschnäbel	• lange Krallen • Spechtfüße	Blaumeise, Kohlmeise, Kleinspecht, Buntspecht
Nigersaat-Silo 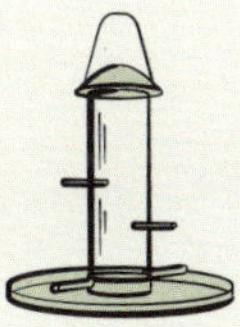	• Nigersaat	• Finkenschnäbel	• lange Krallen	Buchfink, Grünfink, Stieglitz, Erlenzeisig, Birkenzeisig

FUTTERSPENDER REINIGEN

Reinigen Sie Ihre Futterspender regelmäßig, damit die Vögel gesund bleiben und sich keine Krankheitserreger verbreiten.

Vögel besuchen Futterspender und Futterhäuser. Eine regelmäßige Reinigung zwei- bis dreimal im Monat ist wichtig, um zu verhindern, dass sich Krankheitserreger auf den Oberflächen ansiedeln. Unter Gartenvögeln sind verschiedene Krankheiten verbreitet (siehe S. 152–153). Indem Sie die Futterspender sauber halten, verhindern Sie Infektionen.

Beobachten Sie die Futterstationen

Wenn Sie die Futterstation regelmäßig reinigen, merken Sie gleichzeitig, wie viel Futter von den Vögeln gefressen wurde. Auch wenn die Station gut besucht ist, fressen die Vögel oft nicht alle Sämereien, sodass sich Schimmel bildet oder Samen im Futterspender keimen.

Beobachten Sie, was Ihre Gartenvögel fressen. Bleibt ein bestimmtes Futter regelmäßig liegen, dann können Sie die Menge reduzieren. Sie können die Spender auch in immer wieder anderen Teilen des Gartens aufstellen, sodass sich Kot (und mit ihm Krankheitserreger) nicht ansammelt. Außerdem werden Nagetiere, die Futterreste fressen, nicht angelockt.

Reinigung

Wenn im Sommer viel natürliche Nahrung zur Verfügung steht, werden weniger Vögel ihre Futterspender besuchen. Bringen Sie in den wärmeren Monaten gegebenenfalls weniger Futter aus. Trotzdem sollten Sie die Futterspender einmal im Monat reinigen, denn Bakterien und Schimmel entwickeln sich bei Wärme schneller.

Reinigen Sie die Spender von innen und außen und lassen Sie sie gut trocknen. So verhindern Sie, dass sich Krankheitserreger verbreiten.

REINIGUNG DER FUTTERSPENDER

Reinigen Sie alle Futterspender gleichzeitig. Ziehen Sie Gummihandschuhe an und benützen Sie spezielles Putzzeug. Beachten Sie die Tipps unten und lassen Sie die Futterspender gut trocknen. Wenn Sie einen Spender befüllen, der noch feucht ist, schimmelt das Futter. Schaffen Sie sich möglicherweise Ersatzspender an, die Sie aufstellen können, während Sie die anderen Spender reinigen.

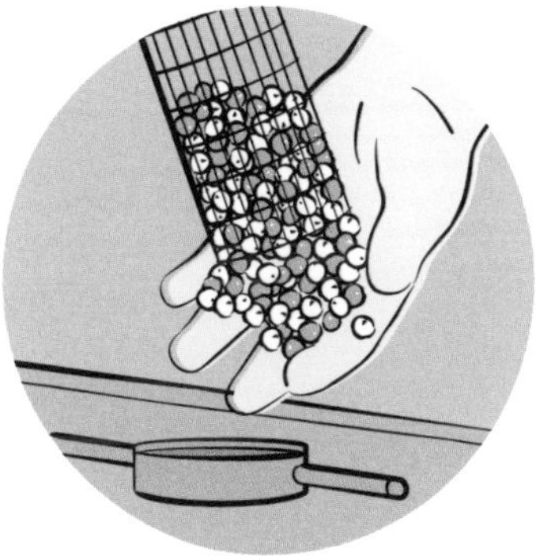

Leeren Sie altes Futter aus

Werfen Sie Futterreste weg. Füllen Sie sie nicht wieder in den Spender und geben Sie sie nicht auf den Kompost, denn so verbreiten sich Krankheitserreger.

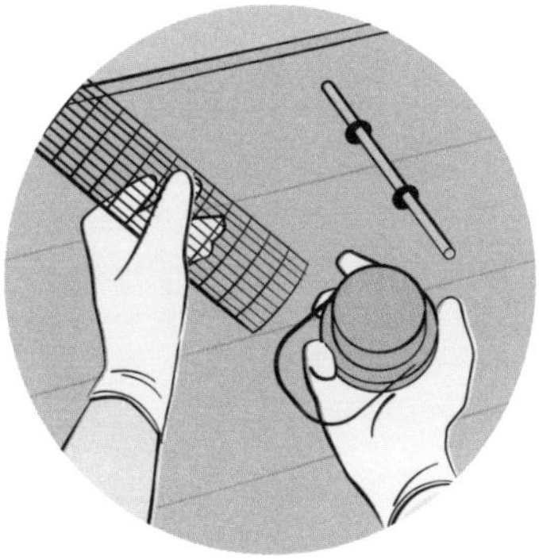

Zerlegen Sie Ihren Futterspender

Es lohnt sich, den Futterspender zu zerlegen und gründlich zu reinigen. Entfernen Sie die Basis und nehmen Sie Sitzstangen heraus. Achten Sie darauf, dass keine Teile verloren gehen.

Weichen Sie alle Teile ein

Wenn sich altes Futter festgesetzt hat, dann weichen Sie den Futterspender in warmem Wasser ein, bevor Sie alle Teile gut scheuern.

Schrubben Sie die Teile ab

Schrubben Sie den Futterspender mit einer Bürste und warmem Seifenwasser oder einem milden Desinfektionsmittel. Säubern Sie auch die Sitzstangen.

NISTEN

NISTEN

Vögel bauen ihre Nester an sicheren Orten, wo sie ihre Eier legen und ihre Jungen großziehen können. Wenn Sie geeignete Nistkästen anbringen, werden mehr Vögel in Ihrem Garten nisten. Sie werden reich belohnt: Es macht Spaß, zu beobachten, wie sie balzen und ihre Reviere verteidigen, und Sie erleben, wie die Jungen gefüttert werden, bis sie flügge sind.

Stare nehmen Nistkästen im Garten gern an und ziehen bis zu zwei Bruten im Jahr groß.

WARUM NISTKÄSTEN AUFHÄNGEN?

Nistkästen sind im Naturgarten sehr wertvoll, denn sie bieten den Vögeln sichere Orte, an denen sie ihre Jungen großziehen können.

Einer der Gründe, weshalb es immer weniger Vögel gibt, ist, dass sie nicht mehr genügend Nistmöglichkeiten finden. In vielen Gärten stehen wenige Bäume und Sträucher, denn Pflaster und Rasen sind pflegeleichter. Viele Vögel nisten in Baumhöhlen oder dichtem Unterwuchs, aber die meisten Gartenbesitzer jäten Unkräuter, mähen und beschneiden ihre Hecken häufig. Sie können diesem Lebensraumverlust entgegenwirken, egal, wie groß Ihr Garten oder Balkon ist. Ein Nistkasten bietet Vögeln Ersatz für eine natürliche Nistgelegenheit. Manche Kästen sind klein wie die Baumlöcher, in denen Meisen gern nisten, andere hoch mit einer dunklen Höhle, wie Nisthilfen für Eulen. In mancher Hinsicht sind Nisthilfen sogar die bessere Wahl als ein natürlicher Nistplatz, denn hier sind die Vögel vor Fressfeinden geschützt, und der Kasten hängt auch im nächsten Jahr meist noch am selben Platz, wenn die Vögel aus den Überwinterungsgebieten zurückkehren.

Was Sie beobachten werden

Es macht Spaß, die Vögel am Nistkasten zu beobachten und zu erleben, wie die Jungen flügge werden. Vögel, die im Garten nisten, suchen ständig nach Raupen und Blattläusen für ihre Jungen und befreien dabei die Pflanzen von Schädlingen. Nicht alle Arten nehmen Nistkästen an. Einige bauen ihre Nester nur an natürlichen Stellen. Viele nutzen Nistkästen aber gern und bauen ihr Nest aus Materialien, die sie in der Nähe finden. Käuze und Meisen gehören zu den Vögeln, die in Nistkästen auch schlafen.

Die Auswahl der Nistkästen

Im Handel ist eine große Auswahl an Nistkästen erhältlich, und es gibt verschiedene Ausführungen und sogar Kästen, in denen sich eine Kamera installieren lässt. Sie können auch selbst einen Kasten bauen (siehe S. 80–81). Ausführung, Standort und Größe des Einfluglochs (siehe S. 72–73) bestimmen, welche Vögel im Kasten nisten können. Beobachten Sie deshalb, welche Arten Ihren Garten besuchen.

Blaumeisen fühlen sich in einem Kasten mit kleinem Einflugloch sicher, denn Fressfeinde passen nicht durch die Öffnung.

STANDARD-NISTKÄSTEN

Bringen Sie Nistkästen in Ihrem Garten an und bieten Sie den Vögeln geeignete Nistgelegenheiten.

Nistkästen bieten Vögeln ähnliche Bedingungen wie natürliche Nistgelegenheiten. Hier wird ein Standardkasten mit rundem Einflugloch vorgestellt. Die Größe des Lochs bestimmt, welche Vögel einziehen (siehe gegenüber). Andere Nisthilfen sind spezieller (siehe S. 76–77). In Größe und Form sind sie dem natürlichen Nistverhalten der Vogelart angepasst.

Man kann bei Spezialanbietern, Naturschutzverbänden und in Baumärkten und Gartencentern unterschiedliche Kästen kaufen. Vor dem Kauf sollten Sie wissen, auf welche Ausführung Sie achten müssen. Der Kasten soll haltbar sein und sich leicht reinigen lassen. Es ist nicht schwierig und oft preisgünstiger, selbst einen Kasten zu bauen (siehe S. 80–81).

Schräge Dachflächen
Regenwasser kann ablaufen, sodass es im Kasten nicht nass wird.

Metalleinfassung des Einfluglochs
Größere Vögel, wie Spechte, können das Loch nicht vergrößern, um den Kasten zu übernehmen.

Wände aus Holz
Naturmaterialien passen gut in den Garten und sind atmungsaktiv.

Höhe des Lochs
Das Einflugloch muss sich mindestens 12,5 cm über dem Boden des Kastens befinden, sonst können junge Nestlinge leicht aus dem Nest fallen.

Die Materialien

Die meisten Nistkästen sind aus Holz. Es sollte atmungsaktiv und nicht mit Chemikalien behandelt sein. Achten Sie darauf, dass das Holz aus nachhaltiger Forstwirtschaft kommt. Eine Alternative ist eine Mischung aus Holzfasern und Beton (Holzbeton). Sie ist schwerer als Holz, aber länger haltbar. Erhältlich sind außerdem Nisthilfen in Betonsteinen, die man beim Bau eines neuen Hauses integrieren kann. Hängen Sie keine Kästen mit Wänden oder einem Dach aus Metall auf, in ihrem Inneren wird es zu warm.

Das Dach

Vom Dach soll Regenwasser abfließen können. Es kann einen Dachfirst haben oder flach und nach vorn geneigt sein. Ein überhängendes Dach verhindert, dass Wasser in das Einflugloch rinnt. Wenn man das Dach entfernen oder mit einem Scharnier öffnen kann, lässt sich der Kasten gut reinigen.

Durchlüftung

Bei manchen Kästen sind unten kleine Löcher oder Schlitze im Holz, sodass die Luft zirkulieren kann. Unbehandeltes Holz ist außerdem atmungsaktiv.

Das Einflugloch

Bei einigen Kästen ist das Einflugloch mit Metall eingefasst, sodass Spechte es nicht vergrößern können. Wenn Sie Ihren Kasten für kleinere Vögel anpassen möchten, können Sie Metallplatten mit unterschiedlich großen Einfluglöchern kaufen.

GRÖSSE DES EINFLUGLOCHS

Handelsübliche Nistkästen haben oft Einfluglöcher in den beiden Größen unten. Sie sollten überlegen, welche Größen für die Vogelarten in Ihrem Garten geeignet sind.

26–30 mm

Kleine Vögel fühlen sich in Kästen mit einem Einflugloch dieser Größe sicher. Sie wissen, dass größere Arten nicht in den Kasten gelangen oder ihren Kopf hineinstecken können, um das Nest zu plündern.

Geeignet für: Feldsperling, Blaumeise, Sumpfmeise, Tannenmeise.

Idealer Platz: in 1,5–2 m Höhe.

28–38 mm

Ideale Größe für etwas größere Gartenvögel, wie Kohlmeisen. Wenn Sie Kästen mit verschieden großen Einfluglöchern anbieten, ist die Konkurrenz zwischen den Arten geringer.

Geeignet für: Kleiber, Kohlmeise, Haussperling.

Idealer Platz: in 1,5–2 m Höhe.

WEITERE NISTHILFEN

Mehl- und Rauchschwalben und sogar Käuze nehmen eigens für diese Arten entworfene Nisthilfen an.

Für einige Arten, wie für Zugvögel, die den größten Teil ihres Lebens in der Luft verbringen und im Flug Insekten fangen, kann man becherförmige Nisthilfen anbringen. Für Käuze und Turmfalken, die in unseren ausgeräumten Landschaften keine Nistgelegenheiten mehr finden, eignen sich sogenannte Halbhöhlen, deren Vorderseite zur Hälfte offen ist.

Nisthilfe für Rauchschwalben

Rauchschwalben bauen Nester aus Schlamm und Speichel in und an Stallungen. Oft zerbröseln die Nester, wenn die Jungen flügge werden, oder fallen im Winter herunter. Wenn man eine Nisthilfe anbringt, bleibt das Nest viele Jahre intakt. Die Nisthilfe auf einem Holzbrett ist leicht anzubringen. 1 m unterhalb können Sie noch ein Brett montieren, das den Kot auffängt.

Idealer Platz: in einem Außengebäude oder einer Garage (die Vögel müssen durch eine offene Tür oder ein Tor immer ein- und ausfliegen können).

Nisthilfe für Mehlschwalben

Anders als Rauchschwalben, deren Nester oben offen sind, bauen Mehlschwalben Schlammnester, die sie unter Dachtraufen kleben. Durch ein kleines Loch gelangen sie ins Nest. Nisthilfen für Mehlschwalben ahmen diese Nester nach. Oft sammelt sich der Schwalbenkot am Boden unter dem Nest. Wenn Sie dies vermeiden möchten, können Sie ein Brett 60 cm unterhalb der Nisthilfe anbringen, das den Kot auffängt.

Idealer Platz: unter einer Dachtraufe oder einem anderen Dachvorsprung.

Nistkasten mit offener Vorderseite

Solche Nistkästen eignen sich für Vögel, die im dichten Unterwuchs nisten, und auch für Arten, die größere oder runde Nester bauen. Die Vögel können sicher im Nest sitzen und die Umgebung durch die große Öffnung beobachten, ähnlich als wenn sie im Gebüsch nisten würden.

Geeignet für: Rotkehlchen, Zaunkönig, Bachstelze, Gebirgsstelze.

Idealer Platz: im Efeu an einer Mauer oder einem Baum (dort, wo die Vögel natürlicherweise nisten).

Kasten für Greifvögel

Greifvögel und Waldkäuze finden oft keine Nistmöglichkeiten. Sie nisten meist in Bäumen in offenen Landschaften. Wenn Ihr Garten solche Bedingungen bietet, können Sie eine Nisthilfe anbieten. Für Waldkäuze eignet sich ein waagrechter Kasten unter oder auf einem Ast oder ein senkrechter (oben), der an einem Baumstamm befestigt wird. Kästen für Turmfalken sind ähnlich, aber etwas breiter und niedriger.

Geeignet für: Waldkäuze und Turmfalken.

Idealer Platz: 3,5–5 m hoch in einer dichten Baumkrone für Waldkäuze; am Feldrand für Turmfalken.

SPEZIELLE NISTHILFEN

Spechten, Baumläufern und anderen Arten kann man spezielle Nisthilfen anbieten.

Zwar kann man davon ausgehen, dass viele Vögel Standardnistkästen annehmen, aber manche Arten haben spezielle Nistgewohnheiten. Entsprechende Nisthilfen werden ihren Bedürfnissen gerecht. Sperlingen kann man Gemeinschaftsnester anbieten und Mauerseglern Nisthilfen, in die sie problemlos einfliegen können, denn sie können nicht klettern.

Sperlingskasten

Sperlinge beziehen Standardkästen mit großen und kleinen Einfluglöchern (siehe S. 72–73), aber sie sind Koloniebrüter, und mehrere Paare nisten oft nah nebeneinander. Spezielle Kästen für Sperlinge werden diesen Bedürfnissen gerecht. Ein großer Sperlingskasten besteht aus zwei oder drei Abteilungen, in denen die Sperlinge nebeneinander nisten können. **Ideale Stelle:** unter Dachtraufen, wo Sperlinge auch ohne Kasten nisten würden.

Starenkasten

Starenkästen sehen aus wie Standardkästen mit runden Einfluglöchern, sind aber tiefer. Das Loch hat etwa 45 mm Durchmesser, sodass die Stare leicht ein- und ausfliegen können. Die jungen Vögel stecken oft ihre Köpfe aus dem Kasten und rufen, und in einigen Kästen befindet sich innen ein Vorsprung, auf dem die jungen Vögel beim Hinausschauen stehen können. **Ideale Stelle:** an einer Wand oder einem Gebäude an einer geschützten Stelle, wie unter einer Dachgaube.

Kasten für Spechte

Sehr ähnlich wie ein Starenkasten sieht ein Spechtkasten aus (siehe links). Er ist so tief, dass der Specht darin seine Eier ausbrüten kann. Die Jungen wachsen wie in einer natürlichen Baumhöhle heran. Oft ist das Einflugloch mit einem Rindenstück verschlossen, sodass die Vögel ein Loch hineinhämmern können (aber das muss nicht sein). Bei manchen Modellen ist innen an der Vorderwand eine Leiter aus Leisten angebracht, sodass die Jungen herausklettern können. Es gibt für unterschiedliche Spechtarten verschieden große Kästen.
Ideale Stelle: an einem Baumstamm, 3–5 m über dem Boden.

Nisthilfe für Baumläufer

Baumläufer nisten meistens in Löchern und Spalten in Baumrinde. Mit ihren langen Krallen halten sie sich fest und klettern ins Nest. Weil viele Bäume in Gärten und Parks stark beschnitten werden, bieten Kästen Baumläufern wichtige Alternativen. Es gibt Modelle aus Holz und geflochtene aus Zweigen. Die Öffnung liegt seitlich (siehe Bild).
Ideale Stelle: ein Baumstamm, sodass der Baumläufer vom Stamm in den Kasten klettern kann.

Nisthilfe für Mauersegler

Es gibt immer weniger geeignete Nischen in hohen Gebäuden, wie an Kirchtürmen, in denen Mauersegler nisten können. Nisthilfen sind deshalb sehr wichtig. Es gibt zwei Haupttypen: Bei einem befindet sich der Eingang unten an der Kastenvorderseite. Beim zweiten Typ ist das Loch im Kastenboden, sodass die Vögel hinein- und hinausfliegen können. Man kann auch Kästen in Ziegelsteinform kaufen. Sie sind sehr haltbar und können in Neubauten oder beim Renovieren eines Hauses eingebaut werden und sind dann kaum zu erkennen. Unerfahrene Vögel wählen bevorzugt Nistplätze in der Nähe der Nester erfahrener Artgenossen. Sie finden die Nisthilfe, wenn man im Frühjahr, wenn die Vögel aus Afrika ankommen, Mauersegler-Rufe abspielt.
Ideale Stelle: unter Dachgauben und an hohen Gebäuden.

KÖRBE UND BEUTEL

Verschiedene Körbe werden von Vogelarten mit speziellen Bedürfnissen angenommen und sind eine Alternative zu klassischen Nistkästen.

Körbe und Beutel ahmen die bevorzugten Nestformen verschiedener Vogelarten nach. Beispielsweise haben Vögel, die runde Nester bauen, oft Schwierigkeiten, sie in eckigen Kästen unterzubringen. Alternative Nisthilfen für solche Arten bestehen aus unterschiedlichen Naturmaterialien. Man kann sie an einer geschützten Stelle in einem dichten Strauch oder in einem Gebäude anbringen.

Je nach Größe bietet ein Nistkorb den Vögeln auch während der Wintermonate einen sicheren Ort, an dem sie ruhen können. Einige Meisenarten und Zaunkönige drängen sich dicht aneinander, um sich gegenseitig zu wärmen. Sie bekommen geflochtene Körbe oder speziell geformte Nistkästen bei spezialisierten Anbietern. Die Körbe halten nicht allzu lang, bieten aber geschützte Ruheplätze.

Nistbeutel
Dieses tropfenförmige Nest ist für Arten geeignet, die in tieferen Höhlen ruhen oder nisten, wie Zaunkönige und Meisen. Bringen Sie es im Laub eines Strauchs oder Baumes an und befestigen Sie es mit Schnüren, sodass es ganz sicher hält und auch bei Sturm nicht herunterfällt.

Seitlicher Eingang

Diese Nester sind für Arten geeignet, die schnell ausfliegen, wie Rotkehlchen und Zaunkönige. Man kann sie in einem Strauch oder einem Außengebäude anbringen, etwa an einem Schuppen.

Offener Korb

Solche Körbe werden von Arten angenommen, die nach oben hin offene Nester bauen, wie Drosseln. Die Seiten sind offen, aber der Korb hat ein Dach und stabile Seitenteile. Hängen Sie ihn in einen Strauch oder an einen Ast.

EINEN NISTKASTEN BAUEN

Mit ein wenig Vorbereitung ist es einfach und nicht teuer, einen Nistkasten für die Gartenvögel zu bauen.

Dieses Projekt ist recht einfach. Sie brauchen dafür nur ein Brett und einige Werkzeuge. Die Ausführung und die Proportionen können Sie an das Material und die Werkzeuge anpassen, die Sie zur Hand haben. Wenn Sie zum Beispiel keine Lochsäge haben, können Sie die Vorderwand des Kastens halbieren und eine Halbhöhle bauen. Und wenn Sie im Umgang mit Werkzeugen nicht geübt sind, dann bitten Sie jemanden um Hilfe, der Ihnen beim Zusammenschrauben die Teile festhält.

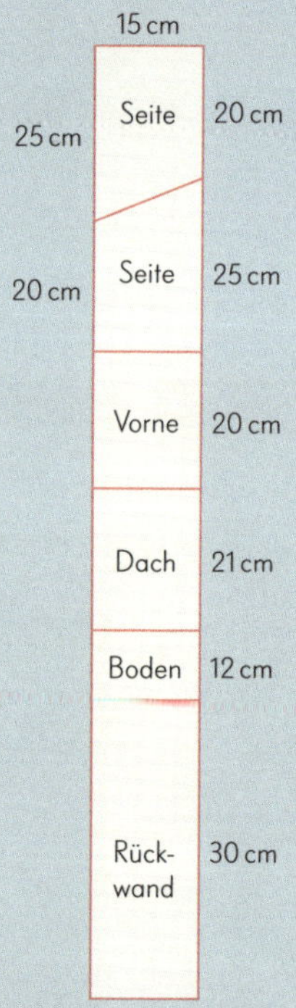

SIE BRAUCHEN:

- Maßband
- Bleistift
- unbehandeltes Brett aus nachhaltig bewirtschaftetem Forst (wir haben ein Brett mit den Maßen 128 × 15 cm verwendet)
- Schraubenzieher und Schrauben
- Hammer und Nägel
- Lochsäge
- Scharnier aus Metall oder Gummi

1. Zeichnen Sie die Teile auf

Markieren Sie auf dem Brett mit einem Maßband und einem Bleistift alle Teile des Nistkastens wie oben abgebildet.

2. Sägen Sie die Teile zurecht

Sägen Sie alle Teile zu und bohren Sie Löcher für die Schrauben in die Hinterwand und in die Seiten, wie im Bild oben zu sehen.

3. Zusammenschrauben

Schrauben Sie die Seiten an die Hinterwand. Dann schrauben Sie den Boden an die Seiten, sodass eine Lücke zur Rückwand bleibt. Wasser kann abfließen und Luft zirkulieren.

4. Das Einflugloch

Markieren Sie das Einflugloch 125 mm vom Boden entfernt. Für den Durchmesser siehe S. 73. Sägen Sie es mit einer Lochsäge aus. Befestigen Sie nun die Vorderseite an den Seitenteilen.

5. Das Dach

Befestigen Sie das Dach mit einem Scharnier aus Metall oder Gummi von einem Reifenschlauch oder alten Gummistiefel. Ein Rechteck aus Gummi wird am Dach und der Rückwand festgenagelt.

6. Aufhängen

Hängen Sie den Kasten an der ausgewählten Stelle auf, sodass er vor direkter Sonneneinstrahlung und Wind geschützt ist.

RECYCLING-NISTHILFEN

Vögel sind natürlicherweise neugierig und bauen ihre Nester manchmal an ungewöhnlichen Orten.

Nutzen Sie die angeborene Neugier der Vögel und bieten Sie ihnen ungewöhnliche Nisthilfen aus gebrauchten Alltagsgegenständen an. Wenn Sie die Nisthilfen im Winter herstellen und zu Beginn der nächsten Brutperiode anbringen, haben die Vögel viel Zeit, sie zu erkunden. Es gibt viele Dinge, aus denen man Nisthilfen machen kann, und dies sind nur einige.

Alter Stiefel

Gummistiefel, Wanderstiefel und andere alte Schuhe können zu Nisthilfen umfunktioniert werden. Schrauben Sie z. B. einen Wanderstiefel auf ein Brett, das Seitenwände und ein Dach hat (siehe rechts). Wenn die Schuhspitze nach unten weist, gelangt kein Wasser ins Nest, und der dunkle Hohlraum bietet eine Nistmöglichkeit. Längere Stiefel können Sie aufrecht befestigen und ein Dach über dem Schaft anbringen, sodass es nicht hineinregnet. Schneiden Sie ein Einflugloch hinein. Wenn die Stiefel wasserdicht sind, können Sie sie auch direkt im Garten befestigen. **Geeignet für:** Rotkehlchen, Blaumeisen, Kohlmeisen, Haussperlinge, Bachstelzen.

Hängekorb

Solche Nistkörbe eignen sich für Vögel, die oben offene Nester bauen. Es gibt Körbe in vielen Größen. Sie können Naturmaterialien in den Korb füllen, wie Moos, Zweige, Federn oder ausgebürstetes Fell von Haustieren, um das Nest noch einladender zu machen (siehe S. 90–91). Hängen Sie den Korb an einen niedrigen immergrünen Baum oder, wenn er groß ist, an den Ast einer Eiche, Erle oder eines Nadelbaums.
Geeignet für: Amsel, Singdrossel.

Teekanne

Sie können verschiedene Küchenutensilien als Nisthilfen anbieten. Ein Küchensieb z. B. kann man ähnlich aufhängen wie einen Hängekorb (siehe oben). Eine alte Teekanne ist eine besonders hübsche Nisthilfe. Hängen Sie sie am Griff auf und mit dem Ausgießer nach unten, der als Abfluss dient. Die Teekanne muss sehr stabil in einer Hecke oder einer dichten Baumkrone befestigt werden.
Geeignet für: Rotkehlchen, Blaumeise, Kohlmeise, Zaunkönig, Haussperling, Bachstelze.

Getränkekiste

Einige Vögel, wie Drosseln und andere Arten, deren Nester oben offen sind, bevorzugen eine Plattform als Nisthilfe, und andere Arten brüten in Kolonien. Flaschenkisten aus Plastik sind für beide Gruppen perfekte Nisthilfen. Man kann sie auf einen Absatz oder unter einer Dachgaube anbringen, sodass die Öffnung nach vorn weist. In kleineren Gärten oder auf Balkonen kann man sie sogar hinter Kübelpflanzen aufstellen. Legen Sie Stroh, Moos oder Zweige hinein. In dafür geeignete Kisten können Sie Trennwände einziehen, sodass ein Gemeinschaftsnest entsteht.
Geeignet für: Rotkehlchen, Bachstelze, Singdrossel, Amsel, Misteldrossel.

NISTKÄSTEN ANBRINGEN

Auch die Platzierung der Nistkästen hängt vor allem davon ab, welche Vogelarten Sie anlocken möchten.

Bringen Sie die Kästen so an, dass die Einflugöffnungen nach Norden oder Osten weisen. So sind die Bewohner extremer Witterung wie direkter Sonne und starkem Regen nicht so stark ausgesetzt. Hängt der Kasten im Schatten und gut geschützt, ist auch eine andere Ausrichtung in Ordnung. Das Dach soll leicht nach vorn geneigt sein, sodass Regen abfließen kann. Jeder Kastentyp muss in einer bestimmten Höhe angebracht werden (siehe spezielle Nistkästen, S. 76–77), aber als Faustregel gilt, dass er mindestens 1,5–2 m hoch hängen soll. Sorgen Sie dafür, dass in der Umgebung keine Flächen sind, auf denen Räuber, wie Katzen, sich verstecken können.

Befestigen Sie den Nistkasten mit verzinkten, etwa 85 mm langen Schrauben. Prüfen Sie jeden Spätwinter vor der Brutsaison, ob er noch fest und sicher hängt.

Baumläuferkästen müssen hoch oben am Stamm hängen.

Ein Kasten, der vorn geöffnet ist, passt gut an einen mit Efeu bewachsenen Zaun.

GEEIGNETE PLÄTZE FÜR NISTKÄSTEN:

Baum

Die meisten Kästen, vor allem größere (siehe S. 75), können an Bäumen angebracht werden. Achten Sie auf ausreichend Platz um das Einflugloch, sodass die Vögel gut anfliegen können. Vogeleltern müssen ohne Hindernisse in den Kasten gelangen.

Zaun

Kleine Nistkästen kann man mit verzinkten, 85 mm langen Schrauben direkt am Zaun befestigen. Gut eignet sich ein mit Kletterpflanzen bewachsener Zaun (siehe S. 108–109). Allerdings sollte die Vegetation nicht so dicht sein, dass sich Fressfeinde in ihr verbergen können. Auf Pflanzen in der Nähe können sich Vogeleltern auf dem Weg in und aus dem Kasten niederlassen.

Mauer oder Hauswand

Bohren Sie ein Loch in die Mauer. Verwenden Sie einen Dübel und eine dicke verzinkte, 85 mm lange Schraube, um den Nistkasten zu befestigen.

Balkon

Wenn Sie einen Kasten im Balkonbereich befestigen, dann bringen Sie ihn möglichst hoch an, sodass die Vögel ungestört brüten können. Er soll so hängen, dass er nicht auf die Straße oder in den Hof oder Garten fallen kann.

ENTWICKLUNG DER JUNGVÖGEL

Es ist faszinierend zu erleben, was im Nistkasten passiert, wenn eine neue Vogelgeneration heranwächst.

Wenn Sie die nistenden Vögel im Kasten beobachten (siehe S. 88–89), ist es gut zu wissen, wie lange es dauert, bis Vogeljunge flügge werden. Das Weibchen legt die Eier und brütet sie meistens aus, während das Männchen Nahrung herbeibringt. Bei den meisten Arten legt das Weibchen jeden Tag ein Ei. Wenn es den Kasten verlässt, wird das Gelege abgedeckt. Mit dem Brüten beginnt es erst, nachdem alle Eier gelegt wurden, sodass die Jungen im Abstand weniger Tage schlüpfen. Dann füttern die Eltern die Jungen, bis diese flügge sind und das Nest verlassen. Weitere Informationen finden Sie bei den Vogelporträts (siehe S. 158–185).

WAS PASSIERT IM NISTKASTEN?

1. Nistmaterial sammeln
Meist sammeln die Altvögel in der Nähe des Kastens Nistmaterial und tragen es ein, bis eine etwa 2,5 cm dicke Schicht entstanden ist.

2. Nisten
Das Material wird zu einem weichen Napf geformt. So kann das Weibchen sich ins Nest setzen und die Eier wärmen, um sie auszubrüten.

3. Abdecken der Eier
Wenn die Altvögel das Nest verlassen, werden die Eier mit Nistmaterial bedeckt, damit Fressfeinde sie nicht sehen können.

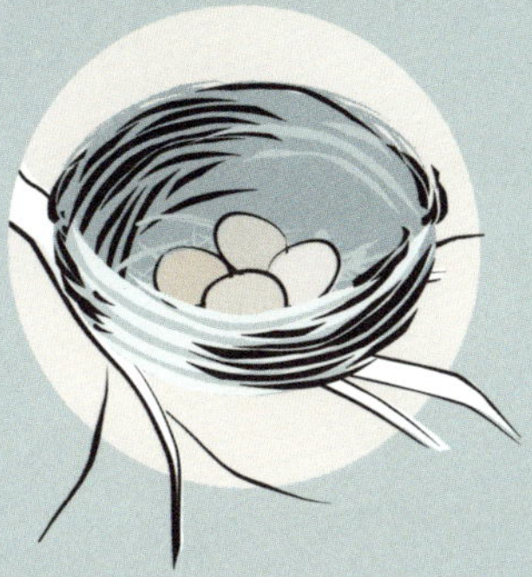

4. Unbedeckte Eier

Die Eier sind nicht mehr abgedeckt. Das bedeutet, dass nun bald das Brüten beginnt.

5. Altvogel im Nest

Der Altvogel brütet die Eier aus. Je nach Vogelart kann es eine Woche oder länger dauern, bis die Küken schlüpfen.

6. Blinde Junge

Die Jungen sind noch hilflos und ihre Augen geschlossen, wenn die Federn zu wachsen beginnen (siehe Kasten rechts).

7. Flügge Junge

Wenn die Federn fertig ausgebildet sind (siehe rechts), können die Vögel das Nest verlassen und bald kurze Strecken fliegen.

WIE FEDERN WACHSEN

Wenn Federn wachsen, sind sie zunächst mit einer Scheide geschützt. Dann durchlaufen sie mehrere Stadien:

- **Scheide:** In diesem Stadium ist vor allem die Scheide der Steuer- und Schwanzfedern zu sehen.
  Kurz: Weniger als ein Drittel der Feder ragt aus der Scheide.
- **Mittellang:** Ein bis zwei Drittel der Federn ragen nun aus der Scheide.
- **Lang:** Mehr als zwei Drittel der Federn sind entwickelt.
- **Flügge:** Die Federn sind fertig ausgebildet und der Vogel ist flügge.

DAS NEST BEOBACHTEN

Es macht Spaß, den Nistkasten aus einiger Entfernung zu beobachten, und Sie bekommen Einblicke in den Lebenszyklus der Bewohner.

Es ist sehr aufregend, zu beobachten, wie verschiedene Vögel einen Nistkasten inspizieren. Wenn dann ein Vogelpaar im Kasten einzieht, trägt es zunächst Nistmaterialien hinein. Später bringen die Vogeleltern unzählige Male Futter für ihre Jungen herbei. Schließlich verlassen die flüggen Jungvögel den Kasten. Wenn Ihr Nistkasten mit einer Kamera versehen ist, können Sie verfolgen, in welchem Entwicklungsstadium die Vögel sind (siehe S. 86–87). Sie erleben, wie die Küken schlüpfen und wie ihnen allmählich Federn wachsen. Nähert sich ein Elternvogel mit Futter, sperren die Jungen ihren Schnabel weit auf, sodass der bunte Sperrrachen sichtbar wird. Solche Einblicke in das Leben der Gartenvögel sind sehr faszinierend, und auch Kindern macht es großen Spaß, auf diese Weise zu beobachten, was in ihrer unmittelbaren Nähe in der Natur passiert.

Wenn Sie den Kasten ohne Kamera beobachten, dann suchen Sie sich eine gute Beobachtungsposition in gebührender Entfernung aus. Für die Vogelfamilie ist es überlebenswichtig, dass sie nicht nah am und im Nest gestört wird. Verbringen Sie deshalb am besten keine Zeit in unmittelbarer Nähe des Kastens. Lassen Sie Pflanzen in der Umgebung ungestört wachsen und hängen Sie den Kasten auf keinen Fall um.

Wenn Sie mit einer Kamera beobachten, was in Ihrem Nistkasten vor sich geht, werden Sie mit Anblicken wie diesem belohnt.

Sie können eine Kamera in einem normalen Nistkasten montieren oder einen mit einer Kamera bestückten Kasten wie diesen kaufen.

Eine Kamera für den Nistkasten

Mit einer speziellen Kamera können Sie verfolgen, was im Nistkasten vor sich geht, ohne die Vögel zu irritieren. Sie passt in Kästen jeder Größe, sodass Sie die nistenden Vögel beobachten können, während sie ihre Jungen großziehen. Sie können eine spezielle Kamera kaufen, die in einen Nistkasten passt, oder einen Nistkasten, der bereits mit einer Kamera ausgestattet ist (siehe oben). Mit einer Weitwinkel-Kamera können Sie im Inneren des Kastens besonders viel sehen. Mit einer Infrarot-Nachtkamera kann man in dunklen Nistkästen filmen und qualitativ hochwertige Bilder direkt zum PC senden.

Bevor Sie entscheiden, ob Sie einen Kasten kaufen, der bereits mit einer Kamera ausgestattet ist, oder eine Kamera in einem Nistkasten installieren, sollten Sie überlegen, welche Variante Ihren Vorstellungen am besten entspricht (siehe rechts). Alle sind in Naturschutzzentren oder im Internet erhältlich und leicht zu installieren.

NETZSTROM ODER BATTERIE

Es gibt zwei Haupttypen von Kameras: mit Netzstrom und mit Batterie betriebene. Beide haben Vorteile, je nach den Bedingungen und der zur Verfügung stehenden Zeit.

Netzstromversorgung
Solche Kameras sind im Kasten montiert und das Kabel kommt aus einem kleinen seitlichen Loch aus dem Kasten. Sie brauchen eine Verbindung zu einer Steckdose und ein Kabel oder eine WLAN-Verbindung zu einem Bildschirm.

Batteriebetriebene Kameras
Auch diese Kameras sind im Kasten montiert, und innen oder außen befindet sich außerdem eine Batterie. Wie bei Kameras mit Netzstromversorgung müssen solche Kameras mit einem Kabel oder über WLAN mit einem Bildschirm verbunden sein. Batteriebetriebene Kameras haben den Nachteil, dass Sie die leeren Batterien von Zeit zu Zeit wechseln und aufladen müssen.

NISTMATERIAL ANBIETEN

Weil immer mehr natürliche Strukturen verloren gehen, ist es gut, wenn Sie den Vögeln zusätzliche Nistmaterialien bereitstellen.

Vögel verwenden Moose, Zweige, Federn und Spinnweben, um ihren Nestern Struktur zu verleihen. Auch viele Materialien, die wir täglich verwenden, können die Vögel nutzen (siehe gegenüber). Sie können solche Nistmaterialien bereitstellen, denn sie schaden nicht und verheddern sich nicht in den Füßen der Vögel. Bieten Sie jedoch auf keinen Fall ungeeignete Materialien an, wie Plastik, das die Vogelbeine einschnüren kann, oder Laub, das mit Pestiziden behandelt wurde (siehe gegenüber).

Suchen Sie einen Platz, an dem Sie Material ausbringen können, wie einen Baum oder ein Futterhaus. Die Vögel merken sich diese Stelle. Sie können einen Behälter bauen oder einen Fettblock-Spender nutzen (siehe gegenüber). Auch in einen alten Schneebesen können Sie Material stopfen und ihn aufhängen.

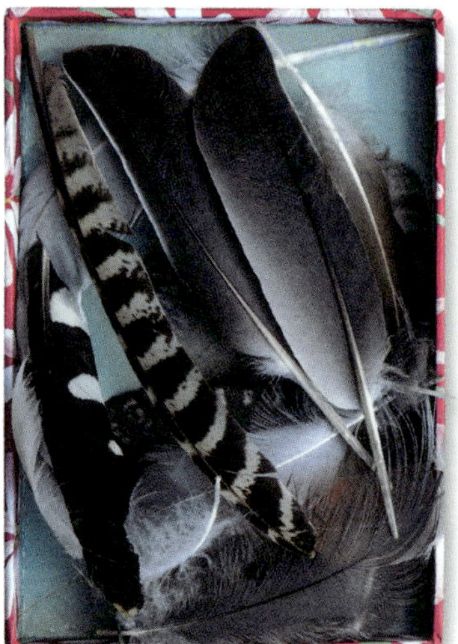

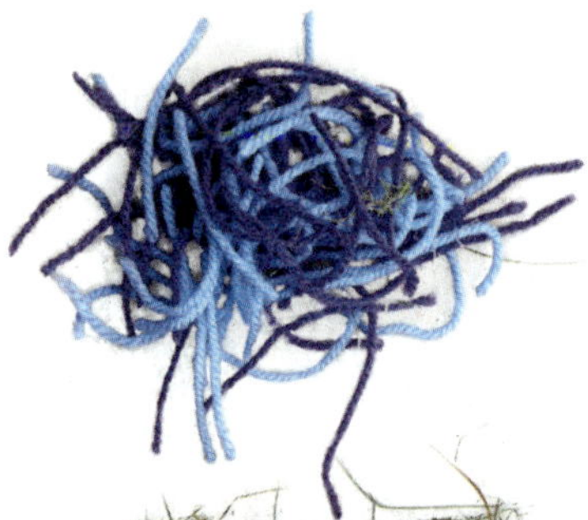

Ein Spender für Fettblöcke eignet sich gut

Sie können entweder nur eine Sorte Nistmaterial in den Spender füllen oder unterschiedliche Materialien anbieten. Wenn Sie wollen, können Sie mehrere Spender mit Draht zusammenbinden, sodass viele Vögel gleichzeitig Nistmaterial holen können.

Nistmaterial im alten Strumpf

Füllen Sie in einen alten Strumpf aus Wolle oder Baumwolle etwas Nistmaterial. Machen Sie einen Knoten und füllen Sie den nächsten Abschnitt. Dann machen Sie wieder einen Knoten und so weiter, bis kein Platz mehr ist. Nun schneiden Sie Schlitze hinein, sodass die Vögel das Nistmaterial herauszupfen können.

GEEIGNETE MATERIALIEN:

- Federn
- kleine Holzspäne
- Moos
- kleine Stücke Baumwollstoff
- weiches Stroh
- Heu
- ausgekämmtes Fell von Haustieren

UNGEEIGNET BIS GEFÄHRLICH:

- Schnur
- Netze
- Plastik und Cellophan
- Folie
- Menschenhaar
- Pflanzenteile, die mit Insektiziden behandelt wurden

DEN NISTKASTEN REINIGEN

Es ist wichtig, den Nistkasten zum Ende des Jahres zu reinigen, damit im Frühling wieder Vögel einziehen können.

Am besten ist es, den Nistkasten nach der Brutsaison zu reinigen, wenn er mit Sicherheit nicht mehr genutzt wird. Auch das Naturschutzgesetz unterstützt dies: Gartenvögel sind wie alle Vögel gesetzlich geschützt. Es ist verboten, ihre Nester und Gelege zu vernichten und die Eltern im Brutgeschäft zu stören.

Bevor Sie den Kasten reinigen, sollten Sie ihn mehrere Wochen lang beobachten. Einige Vögel nutzen Nistkästen zum Schlafen und kleine Säugetiere halten sich im Winter in ihnen auf. Reinigen Sie den Kasten nur, wenn Sie keine Aktivität beobachten können.

Den Kasten leeren und reinigen

Tragen Sie immer Handschuhe, wenn Sie einen Nistkasten reinigen, sodass Sie vor Flöhen geschützt sind. Entfernen Sie alle Materialien vollständig aus dem Kasten. Säubern Sie ihn anschließend gründlich mit heißem Wasser und einer Bürste, sodass Parasiten und Bakterien aus allen Spalten entfernt werden. Lassen Sie ihn nun gut austrocknen.

Solange der Kasten trocknet, können Sie aus dem Nistmaterial alles aussortieren, was faulen kann oder schmutzig ist, wie Kot, Eier

Entfernen Sie alle Nistmaterialien aus dem Kasten, auch die, die an den Seiten kleben.

Tragen Sie immer Handschuhe, wenn Sie einen Nistkasten reinigen.

und sonstiges verschmutztes Material. Dort können Parasiten wie Flöhe und Milben leben, die die Jungvögel der nächsten Vogelgeneration befallen. Legen Sie mindestens die Hälfte der Nistmaterialien, also saubere Federn, Moos, Gräser und Zweige, einstweilen zur Seite.

Wenn der Kasten völlig trocken ist, können Sie das saubere Nistmaterial wieder einfüllen und zusätzlich einige frische Sägespäne dazugeben. Für Vögel, die sich im Winter zum Schlafen in den Kasten zurückziehen, und auch für kleine Nagetiere wie Waldmäuse und Bilche, die in der kalten Jahreszeit im Kasten schlafen, sind die weichen, wärmenden Nistmaterialien sehr wichtig.

PFLANZEN

PFLANZEN

Wenn Sie die Pflanzen für den Garten sorgfältig auswählen, schaffen sie Deckung und sind eine wichtige Nahrungsquelle für die Gartenvögel. Geeignete Pflanzen bieten Blüten, Nistmaterial und Nahrung, sodass Vögel während des ganzen Jahres im Garten alles finden, was sie zum Leben brauchen.

Amseln gehören zu den vielen Vogelarten, die im Herbst und Winter auf Früchte und Beeren angewiesen sind. Hier pflückt ein Jungvogel Kirschen.

EIN GARTEN FÜR VÖGEL

Vögel gehören zum Naturgarten. Wenn alle Lebewesen gut zusammenspielen, ist der Garten ein funktionierendes Ökosystem.

Wenn Sie Ihren Garten entsprechend gestalten, profitieren die Vögel und viele andere Tiere sehr davon. Vögel leben langfristig dort, wo der Lebensraum ihren Bedürfnissen gerecht wird. In diesem Kapitel lernen Sie Pflanzen kennen, die für Vögel besonders wertvoll sind. Gut für die Wildtiere ist bereits ein Topf mit einheimischen Wildblumen, besser noch ist ein Bereich im Garten, in dem Wildkräuter wachsen können. Achten Sie darauf, dass sich ein natürliches Gleichgewicht einstellt, und fangen Sie mit dem Boden an (siehe unten).

DER BODEN MUSS GESUND SEIN

Ein gesunder Boden ist nicht nur entscheidend für gesunde Pflanzen, sondern für das gesamte Ökosystem Garten. Er hat einen enormen Einfluss auf wirbellose Tiere, die im Boden leben, wie Würmer, Raupen und die Larven von Käfern, von denen sich wiederum die Vögel ernähren. Um den Boden zu verbessern, können Sie organisches Material wie Kompost oder gut verrotteten Mist einarbeiten. Bringen Sie auf keinen Fall Schneckenkorn, Herbizide oder Schädlingsvernichtungsmittel aus. Diese Chemikalien unterscheiden nicht zwischen unerwünschten und nützlichen Insekten.

Blüten für Vögel und Insekten
Pollen- und nektarreiche Pflanzen in Rabatten und Töpfen bieten Insekten Nahrung. Diese sind wiederum Futter für die Vögel. Einige Vogelarten mögen auch Nektar.

Nahrung und Deckung
Obstbäume und Beerensträucher sind im Winter, wenn Nahrung knapp ist, lebenswichtige Futterquellen. Pflanzen Sie Zieräpfel, Kirschen, Weißdorn und Stechpalmen. Im Laub können sich die Vögel verbergen und ruhen.

Pflanzen für die Raupen
Auf verschiedenen Pflanzen, auch auf Gemüsepflanzen, legen Schmetterlinge ihre Eier ab. Die Raupen sind die Nahrung der Jungvögel. Ein Blaumeisenküken zum Beispiel braucht täglich zahlreiche Raupen, während es heranwächst.

Verwilderte Ecken
Lassen Sie Wildpflanzen wie Gräser, Kräuter und Wildblumen stehen. Auf einheimischen Pflanzen legen Schmetterlinge ihre Eier ab, und auch die Samen sind bei Vögeln beliebt (siehe S. 116–117).

WAS PFLANZEN BIETEN

Pflanzen sind das ganze Jahr über wichtig. Sie bieten den Vögeln Nistmaterial, Nahrung und Deckung.

Die Pflanzen in Ihrem Garten sollten den Vögeln idealerweise fünf Dinge bereitstellen (siehe unten). Je mehr Pflanzen es gibt, desto mehr Vogelarten leben wahrscheinlich im Garten. Es kommt nicht darauf an, wie viel Platz Sie haben, sondern wie viele Nistmöglichkeiten, Nahrungsquellen und Rückzugsorte es im Garten gibt.

Außerdem ist es wichtig, wie Sie gärtnern. Lassen Sie Samenstände nach der Blüte stehen, beschneiden Sie Sträucher nicht, die Nistplätze und Deckung vor Fressfeinden bieten, und säen Sie Blütenpflanzen aus, die viele Insekten anlocken. Dies sind nur einige der Dinge, die für einen Naturgarten wichtig sind.

Liguster *(Ligustrum)* ist mit seinem dichten Laub ein guter Rückzugsort für Vögel.

Hainbuchen *(Carpinus)* sind bei Vögeln sehr beliebt. Sie bieten Nistmaterial, Deckung und Samen.

Kleine Zweige

Laub

FÜNF ELEMENTE

Nistmaterial

Im Frühjahr sind kleine Zweige und Laub wichtiges Nistmaterial. In den Blättern von Schafgarbe und Berufskraut sind sogar natürliche Insektizide enthalten, die Parasiten abtöten.

Deckung

Blätter bieten den Vögeln Schutz vor Fressfeinden (siehe S. 102–105). Auf dem Laub leben außerdem oft Insekten, die von Vögeln abgesammelt werden.

Nektarreiche Blüten | **Samenstände** | **Beeren und Früchte**

Insekten

Bunte, nektarreiche Blüten locken viele Bestäuber und andere Insekten an. Diese sind wiederum eine wichtige Nahrungsquelle für Vögel, die ihre Jungen füttern müssen (siehe S. 106–109).

Samen

Die Samen in den Samenständen sind ebenfalls eine wichtige Nahrungsquelle (siehe S. 114–117). Viele Samen sind während des ganzen Winters verfügbar, auch dann noch, wenn Beeren und Früchte bereits gefressen wurden.

Früchte

Pflanzen, die Früchte tragen, bieten zu bestimmten Jahreszeiten Nahrung (siehe S. 110–113). Vögel werden von den bunten Früchten angelockt. Viele sind rot, gelb oder orange und bilden zum grünen Laub einen Kontrast.

VERSCHIEDENE ETAGEN SCHAFFEN RÜCKZUGSORTE

Um möglichst viel aus dem verfügbaren Platz zu machen, sollten die Pflanzen unterschiedlich hoch sein, sodass verschiedene Lebensräume entstehen.

Pflanzen in unterschiedlicher Höhe richten ihre Blätter natürlicherweise so aus, dass sie genügend Sonnenlicht auffangen und nicht zu sehr mit anderen Pflanzen um Licht konkurrieren. So bietet eine Rabatte oder eine Gruppe von Kübelpflanzen eine gute Deckung. Die Vögel können sich hier aufhalten und vor Fressfeinden verstecken. Pflanzen, die verschiedene Etagen bilden, sind im Lauf der Jahreszeiten interessant und attraktiv.

Drei Stockwerke

Denken Sie zunächst darüber nach, einen oder zwei Bäume zu pflanzen. Sie sollten sich weiter hinten oder in den Ecken des Gartens befinden. Wenn Sie nicht viel Platz haben, dann pflanzen Sie einen kleinen Baum in einen Kübel. Geeignet sind Zierapfel-, Kirsch- oder Olivenbäume, die den Vögeln viel Deckung bieten und Früchte tragen. Sie können auch Bäume in der Nachbarschaft als höchstes Stockwerk in Ihre Planung einbeziehen, wenn Sie wenig Platz haben.

Bäume beeinflussen die Vegetation zu ihren Füßen. Arten mit großen oder dichten Blättern, wie Eichen, werfen viel Schatten. Unter ihnen gedeihen nur schattenliebende Pflanzen wie Fingerhut, Primeln und Lungenkraut. Bei anderen Arten, wie Zimtahorn (*Acer griseum*), gelangt mehr Sonnenlicht durch das Laub, sodass unter ihnen vielfältigere Pflanzen wachsen.

Die Strauchschicht verleiht dem Garten während des ganzen Jahres Struktur und ist für die Vögel eine gute Deckung. Sträucher sollten Sie hinter einer Rabatte oder vor einer Mauer oder einem Zaun pflanzen. Auch einige Sträucher in der Mitte einer Gruppe von Kübelpflanzen erzielen diesen Effekt.

Die niedrigste Schicht besteht aus ein- oder mehrjährigen Blütenpflanzen und Bodendeckern. Pflanzen Sie niedrigere Arten wie Primeln vorn in die Rabatte und höhere, wie Lavendel, Tulpen und Sonnenblumen, dahinter.

Die Futterspender

Positionieren Sie Futterspender (siehe S. 58–61) dort, wo es Rückzugsmöglichkeiten gibt, aber auch genügend offenen Platz, damit die Vögel sich nähernde Feinde entdecken. Optimal ist eine Stelle nahe der Grenze von Strauch- und Baumschicht. Wenn es keinen Baum gibt, ist es ideal, wenn sie sich in der Nähe höherer Sträucher und Stauden befinden.

Bäume

Pflanzen Sie Bäume hinter eine Rabatte. Wenn Sie keinen Platz haben, können Sie einen Baum in einem Nachbargarten als höchstes Stockwerk integrieren. Vögel nutzen ihn als Aussichtspunkt auf dem Weg zur Strauchschicht und dem restlichen Garten mit den Futterspendern. Bäume, die Blüten tragen, sind sehr wichtig für bestäubende Insekten und liefern den Vögeln später im Jahr Früchte.

Sträucher

Sträucher, die hinter einer Rabatte stehen, lassen den Pflanzen, die vor und unter ihnen stehen, genug Licht. Um mehr Sträucher unterbringen zu können, pflanzen Sie sie vor einer Mauer oder einem Zaun (entweder in den Boden oder in Kübel) und erziehen Sie sie an einem Gerüst. Sie bieten den Vögeln Schutz, sodass sie in Sicherheit ruhen und ihre Jungen füttern können. Von dort aus können sie zu den Futterspendern fliegen.

Blütenpflanzen

Platzieren Sie kleinere blühende Pflanzen vorn in der Rabatte oder in einer Gruppe Kübelpflanzen. Höhere Stauden verteilen Sie überall im Garten. So bekommen die kleineren Pflanzen genügend Sonnenlicht und es entsteht Lebensraum für wirbellose Tiere.

VOGELFREUNDLICHE PFLANZEN: DECKUNG

Sträucher bieten den Vögeln ideale Rückzugsmöglichkeiten. Wählen Sie für Ihren Garten oder Balkon die richtigen Arten aus, egal ob Sie ihn neu bepflanzen oder nur eine Lücke füllen.

Japanische Aukube (*Aucuba*)
Dieser winterharte Strauch bietet Nistgelegenheiten.
Laub: immergrün, dicht.
Geeignet für: Schatten, jeden Bodentyp.

Kamelie (*Camellia*)
Die bunten Blüten locken viele Insekten an. Winterschutz!
Laub: immergrün, nicht sehr dicht.
Geeignet für: Halbschatten, durchlässige, saure Böden.

Lorbeer-Seidelbast (*Daphne laureola*)
Im Frühjahr locken die Blüten nachtaktive Insekten an.
Laub: immergrün, dicht.
Geeignet für: Sonne, Halbschatten, durchlässige Böden.

Lavendel (*Lavandula*)
Bietet Deckung und ist für Bestäuber ideal.
Laub: immergrün, oben locker, unten dicht.
Geeignet für: Sonne, Halbschatten, trockene Böden.

Schwarzer Holunder (*Sambucus nigra*)
Die Beeren sind im Herbst Nahrung für Vögel.
Laub: sommergrün, nicht sehr dicht.
Geeignet für: Sonne, durchlässige Böden.

Japanischer Blumen-Hartriegel (*Cornus kousa*)
Der Strauch bietet gute Nistplätze.
Laub: sommergrün, nicht sehr dicht.
Geeignet für: Sonne, Halbschatten, feuchte Böden.

Weigelie (*Weigela*)
Duftende, pollenreiche Blüten im Frühjahr und Frühsommer locken zahlreiche Insekten an.
Laub: dicht, sommergrün.
Geeignet für: Sonne, Halbschatten, feuchte Böden.

Japanischer Spierstrauch (*Spiraea japonica*)
Niedriger Strauch, geeignet für Kübel. Nektarreiche Blüten locken viele Insekten an.
Laub: sommergrün, dicht.
Geeignet für: Sonne, Halbschatten, alle Böden.

IMMERGRÜNE STRÄUCHER

Solche Sträucher bieten den Vögeln während des ganzen Jahres Schutz, denn sie werfen ihr Laub im Herbst nicht ab. Im Winter werden sie als Ruheplätze genutzt, besonders Sträucher mit dichtem Laub wie Lorbeer-Seidelbast (siehe gegenüber). Immergrüne Pflanzen bieten kleinen Vögeln außerdem beim Fressen Deckung, wenn sie zwischen dem Strauch und dem Futterspender hin und her fliegen.

SOMMERGRÜNE STRÄUCHER

Sommergrüne Sträucher bilden im Frühjahr und Sommer neue Blätter, ihre Blüten locken bestäubende Insekten an – ein Festmahl für Vögel. Zwischen dem Laub finden Vögel zudem Rückzugsorte und Nistmöglichkeiten. Im Herbst fallen die Blätter ab, zuvor färben sie sich oft leuchtend bunt. Die Früchte bieten den Vögeln zusätzliche Nahrung, bei manchen Arten sogar noch bis in den Winter hinein.

BLÜTENPFLANZEN FÜR INSEKTEN

Blütenpflanzen bieten Bestäubern wie Bienen, Schwebfliegen und Schmetterlingen Nektar. Die Insekten sind wiederum Nahrung für die Vögel.

Bestäubende Insekten besuchen Blüten und trinken Nektar. Im Gegenzug transportieren sie Pollen von einer Pflanze zur nächsten, sodass sich Früchte und Samen bilden können. Insekten sind deshalb sehr wichtig für die Ökosysteme.

Viele Vögel fressen Insekten. Manche Vogelarten fangen sie, wenn sie von Blüte zu Blüte fliegen, während andere die Larven oder Raupen von Pflanzen absammeln, um ihre Jungen mit ihnen zu füttern. Besonders Grasmücken, Schnäpper und Drosseln halten nach fliegenden Insekten und ihren Larven Ausschau.

LÜCKEN MIT PFLANZEN FÜLLEN

Töpfe und Kübel eignen sich für Stellen, wo Sie nichts in den Boden pflanzen können, wie auf einem Balkon oder in einem Hof. Blüten- und Kletterpflanzen in Kübeln können Sie mit einem Gerüst aus Stäben stützen. Viele Kletterpflanzen kann man auch vom Balkon herab hängen lassen, statt sie an Stützen nach oben zu lenken.

Vielfältige Pflanzen im Garten

Bei der Auswahl von Pflanzen, die Bestäuber anlocken, sollten Sie darauf achten, dass die Arten zu verschiedenen Zeiten im Jahr blühen. Viele Blüten sind tagsüber und nachts geöffnet und locken rund um die Uhr Tag- und Nachtfalter und andere Bestäuber an. Einige Blüten, die sich nachts öffnen, verströmen betörende Düfte. Nachtfalter kommen herbei und sind Nahrung für Fledermäuse, Heckenbraunellen und Rotkehlchen, die oft nachts jagen.

Pflanzen Sie eine Mischung verschiedener Arten, die über das ganze Jahr verteilt blühen. Früh und später blühende Arten und Sorten bieten Bestäubern auch in Zeiten verlässlich Nektar, in denen andere Futterquellen rar sind.

Blütenpflanzen in unterschiedlichen Höhen locken viele bestäubende Insekten an. Eine Mischung aus niedrigen und hohen Pflanzen bietet einigen Bestäubern Deckung vor Fressfeinden. Ihre gefiederten Gäste können Sie aber trotzdem gut beobachten.

Vögel

Je größer die Vielfalt an Insekten in Ihrem Garten ist, desto wahrscheinlicher ist es, dass Grasmücken, Schwalben, Mauersegler und Schnäpper angelockt werden. Diese Arten jagen im Flug Insekten oder suchen zwischen den Pflanzen nach Raupen und Blattläusen.

Insekten

Bienen, Tag- und Nachtfalter, Schwebfliegen und viele andere Insekten besuchen Blüten. Unzählige Insekten werden sich dauerhaft in Ihrem Garten ansiedeln, besonders wenn Sie ihnen die richtigen Pflanzen anbieten. Distelfalter beispielsweise legen ihre Eier auf die Unterseite der Blätter von Disteln und Sonnenblumen ab, der Admiral heftet sie an Brennnesseln.

Blütenpflanzen

Bieten Sie nektarreiche Blüten an, idealerweise eine Mischung aus verschiedenen Arten und Sorten (siehe gegenüber). Je mehr Blüten sich über viele Monate in Rabatten, Pflanzgefäßen, auf Wildblumenwiesen oder an Bäumen und Sträuchern öffnen, desto besser ist das für das ökologische Gleichgewicht und die Artenvielfalt im Garten.

VOGELFREUNDLICHE PFLANZEN: NEKTARREICHE BLÜTEN

Eine Mischung aus tagsüber und nachts blühenden Pflanzen lockt vielfältige Insekten in Ihren Garten, von denen sich wiederum die Vögel ernähren.

Schmetterlingsflieder (*Buddleja*)
Diese stark duftende Pflanze lockt mit ihren Blüten unterschiedliche Schmetterlinge an.
Typ: blüht tagsüber, passt in eine Rabatte.

Hundsrose (*Rosa canina*)
Auf den offenen Blüten können sich Schmetterlinge, Bienen und Käfer niederlassen, um Nektar zu trinken.
Typ: blüht tagsüber, wächst als Strauch oder kletternd.

Fingerhut (*Digitalis*)
Duftend und leicht zu kultivieren, mit sehr hohen Blütenständen, die viele Insekten anlocken.
Typ: blüht tagsüber, passt in eine Rabatte.

Heckenkirsche (*Lonicera*)
Ideal für wenig Platz, kann an einem Zaun oder Gerüst emporklettern und lockt viele Bienen an.
Typ: blüht tagsüber, Kletterpflanze.

Nachtkerze (*Oenothera*)

Die duftenden großen Blüten locken Schwärmer und andere nachtaktive Insekten an.

Typ: Blüht nachts, passt in eine Rabatte.

Eintönige Gladiole (*Gladiolus tristis*)

Gut geeignet, um Lücken im Garten zu füllen. Die röhrenförmigen Blüten werden von Nachtfaltern besucht.

Typ: blüht nachts, passt gut in eine Rabatte.

Japanischer Blauregen (*Wisteria floribunda*)

Gedeiht in Rabatten und Kübeln. Die violettblauen Blüten locken unterschiedliche Nachtfalter an.

Typ: blüht nachts, Kletterpflanze.

Sternbalsam (*Zaluzianskya ovata*)

Ideal für Kübel. Auf den offenen Blüten lassen sich kleine und mittelgroße Nachtfalter zum Trinken nieder.

Typ: blüht nachts, passt in eine Rabatte.

Nachtjasmin (*Cestrum nocturnum*)

Leicht an einem Zaun oder Gerüst zu erziehen. Die kleinen Blüten sind für viele Nachtfalter attraktiv.

Typ: blüht nachts, Kletterpflanze.

FRÜCHTE FÜR VÖGEL

Obstbäume und heimische Sträucher tragen Früchte, die die Vögel und auch uns erfreuen.

Früchte bilden sich an vielen Pflanzen, nachdem die Blüten bestäubt wurden. Sie gehören zum natürlichen Nahrungsspektrum vieler Vogelarten, die im Geäst nach Fressbarem suchen. Früchte wie Beeren und Äpfel sind sehr nährstoffreich und vor allem im Winter und vor dem Vogelzug wichtig, wenn die Vögel die Energie am notwendigsten brauchen.

Für Gärtner sind Früchte während der Herbst- und Wintermonate hübsche Farbtupfer, und es ist interessant, die Vögel beim Fressen zu beobachten. Viele Beeren sind für Vögel genießbar, für uns jedoch giftig. Informieren Sie sich deshalb immer erst genau, bevor Sie unbekannte Beeren selbst probieren.

Sie können beerentragende Sträucher in Rabatten, aber auch in Töpfe pflanzen. Um den Platz optimal zu nutzen, können Sie sie auch an Gerüsten, Zäunen und Mauern erziehen. In den meisten Gärten gibt es nur wenig Platz für einen Obstbaum. In diesem Fall kaufen Sie einen Baum, der auf eine kleinwüchsige Veredlungsunterlage gepfropft wurde.

Beeren im Winter

Viele Bäume und Sträucher tragen im Herbst Beeren oder andere Früchte, die auch im Winter hängen bleiben. Einige Rosen bilden Hagebutten, die die Vögel gern fressen. Diese Winterfrüchte sind eine lebenswichtige Kalorienquelle. Ein Büschel Efeubeeren hat fast so viele Kalorien wie ein Schokoriegel. Vögel verbreiten die unverdaulichen Samen mit ihrem Kot.

Früchte im Sommer

Sie können Pflanzen, die Früchte tragen, in einem Kübel, auf einem Balkon, in einem kleinen Gemüsebeet oder einfach zwischen Stauden und Büschen pflanzen. Oft bedecken Gärtner Johannisbeer- und Himbeersträucher mit Netzen und ernten, was sie brauchen. Den Rest bekommen dann die Vögel. Erdbeeren kann man leicht in Töpfen kultivieren. Himbeeren und Rote Johannisbeeren gedeihen ebenfalls in Kübeln, aber sie brauchen viel größere Pflanzgefäße. Himbeeren müssen Sie mit einem Gerüst oder Drähten stützen oder vor einer Mauer pflanzen.

VOGELFREUNDLICHE PFLANZEN: SAFTIGE FRÜCHTE

Die Bäume und Sträucher auf diesen Seiten bieten den Gartenvögeln im Lauf der Jahreszeiten vielfältige weiche, saftige Früchte.

Kirsche (*Prunus avium* und *P. cerasus*-Sorten)

Selbstbefruchtende Sorten bilden allein Früchte. Andere brauchen eine passende Befruchtsorte in der Nähe.
Früchte: dunkelrote bis schwarze Kirschen im Sommer.

Zierapfel (*Malus sylvestris*)

Die Bäume werden von Amseln und anderen Drosseln besucht, wie den geselligen Wacholderdrosseln.
Früchte: kleine Äpfel im Herbst und Winter.

Eingriffeliger Weißdorn (*Crataegus monogyna*)

Seidenschwänze, Drosseln und Stare lieben die roten Beeren dieses Strauchs mit dornigen Kurztrieben.
Früchte: rote Beeren, auch noch im Winter.

Eberesche (*Sorbus aucuparia*)

Viele Insekten bestäuben die Blüten. Drosseln, Meisen, Grasmücken und andere Arten fressen die Beeren.
Früchte: rote Beeren im Herbst und auch im Winter.

Himbeere (*Rubus idaeus*-Sorten)

Die Sträucher wachsen vor Mauern und Zäunen. Meisen, Grasmücken und andere Arten lieben die Früchte.
Früchte: reifen je nach Sorte im Sommer oder Herbst.

Stechpalme (*Ilex*-Arten und -Sorten)

Mit ihren immergrünen Blättern bieten Stechpalmen Vögeln im Winter Deckung und nahrhafte Beeren.
Früchte: rote Beeren im Winter.

Gewöhnlicher Schneeball (*Viburnum opulus*)

Gimpel und Misteldrosseln holen sich die Beeren, die zwischen dem bunten Herbstlaub reifen.
Früchte: leuchtend rote Beeren im Herbst.

Brombeere (*Rubus fruticosa*-Sorten)

Einige Gärtner schätzen diese Sträucher nicht, aber die stacheligen Ranken bieten Vögeln sichere Verstecke.
Früchte: schwarze Früchte im Sommer.

SÄMEREIEN AUS DEM GARTEN

Samen und Körner aus dem eigenen Garten sind eine preiswerte Alternative zu im Handel erhältlichen Vogelfuttermischungen.

Vielfältige Blütenpflanzen im Garten sind eine gute Ergänzung zu Sämereien, die in Futterspendern angeboten werden (siehe S. 42–45). Sie sind für die gefiederten Gäste abwechslungsreiche Nahrung. Einjährige Pflanzen eignen sich besonders gut zur Samenernte. Kaufen Sie wenn möglich Saatgut aus der Region, denn diese Pflanzen sind am besten an das Klima Ihres Wohnorts angepasst. Heimische Pflanzen sind bei vielen Wildvögeln am beliebtesten. Vielleicht finden Sie zusätzlich einige ungewöhnliche Sorten.

Ein Stieglitz holt mit seinem spitzen Schnabel die Samen aus dem trockenen Fruchtstand einer Karde.

Sie können einjährige Blütenpflanzen in unkrautfreiem Boden an Ort und Stelle aussäen oder in Töpfen heranziehen und später, wenn die Jungpflanzen einige gesunde Blätter ausgebildet haben, an ihrem Bestimmungsort auspflanzen. Gießen Sie sie ausreichend und entfernen Sie die schwächeren Keimlinge, damit die kräftigsten Pflanzen ausreichend Platz haben.

Nach der Blüte bilden die Pflanzen Fruchtstände. Einige Vogelarten, wie Stieglitze, fliegen herbei und fressen die Samen (siehe links). Sie können die Samen aber auch ernten und Futterspender damit befüllen (siehe gegenüber). Wenn Sie die Pflanzen ungestört im Garten stehen lassen, verbreiten sich ihre Samen oft von selbst, und in der Nähe keimen junge Pflanzen. Im Lauf der Zeit entsteht auf natürliche Weise ein Areal mit Wildpflanzen.

Schneiden Sie den Blütenkorb der Sonnenblume ab und lassen Sie ihn trocknen. Holen Sie die Samen heraus und entfernen Sie vor der Aufbewahrung die Spelzen.

Joghurtbecher eignen sich gut für Keimlinge. Bohren Sie Abflusslöcher in den Boden und füllen Sie Anzuchterde ein.

Samen ernten

Wenn Sie Samen für die Futtermischung sammeln wollen, sollten Sie ein Auge auf die Pflanzen haben, von denen Sie ernten möchten. Als Faustregel gilt, dass Samen etwa zwei Monate nach der Blüte reif sind. Die Blüten sind dann verwelkt.

Sammeln Sie die Blüten an einem trockenen Tag und schneiden Sie die Fruchtstände ab, deren Samen reif sind. Füllen Sie sie in eine Papiertüte, sodass Samen, die aus dem Fruchtstand fallen, nicht verloren gehen. Verteilen Sie sie auf einem mit Küchenpapier ausgelegten Tablett, das Sie in einen warmen Raum stellen. Prüfen Sie öfter, wie trocken die Fruchtstände bereits sind. Einige größere Samen, wie Sonnenblumenkerne (siehe links), kann man leicht aus dem Fruchtstand ernten, während man andere, wie Distelsamen, mit einer Pinzette herausnehmen muss. Entfernen Sie alle anderen Pflanzenreste, damit sich kein Schimmel bildet. Bewahren Sie die Sämereien in beschrifteten Papiertüten an einem kühlen, dunklen Ort auf.

Die geernteten Sämereien verfüttern

Je nach Qualität können Sie die Samen im nächsten Jahr wieder aussäen oder an die Vögel verfüttern. Wenn die Pflanze, von der Sie die Samen geerntet haben, gesund war und die Samen gut aussehen, eignen sie sich zur Wiederaussaat. Nicht ganz so perfekte Sämereien kommen in die Vogelfuttermischung.

Sonnenblumen, Disteln und Hirse sind gute Vogelfutterpflanzen. Ernten Sie einen Teil der Samen und lassen Sie die übrigen in den Fruchtständen an den Pflanzen, sodass die Vögel sie herauspicken können.

VOGELFREUNDLICHE PFLANZEN: SÄMEREIEN

Diese Pflanzen locken zahlreiche Insekten an und bieten Nahrung für die Vögel. Sie lassen sich leicht aus Samen ziehen.

Sonnenblume (*Helianthus*)

Die Kerne sind perfekt für eine Futtermischung. Man kann auch einfach die Blütenkörbe stehenlassen.

Was tun? Samen ernten oder den Vögeln überlassen.

Kratzdistel (*Cirsium*)

Nach der Blüte im Sommer kann man die feinen Samen ernten und an Finken verfüttern.

Was tun? Samen ernten oder den Vögeln überlassen.

Mohrenhirse (*Sorghum bicolor*)

Die Samen sind leicht zu ernten. Als Bodenfütterung oder in einen Futtermix geben (siehe S. 45).

Was tun? Samen ernten oder den Vögeln überlassen.

Acker-Witwenblume (*Knautia arvensis*)
Die Blüte lockt viele Bestäuber an und die Vögel fressen nach der Blüte die Samen.
Was tun? Samen ernten oder den Vögeln überlassen.

Duftende Platterbse (*Lathyrus odoratus*)
Diese insektenfreundlichen Pflanzen sind nicht anspruchsvoll und gedeihen auch in Töpfen.
Was tun? Samen den Vögeln überlassen.

Fingerhut (*Digitalis*)
Insekten und Vögel wie Grasmücken, die Nektar fressen, lieben die Blüten. Die Samen sind leicht zu ernten.
Was tun? Samen ernten oder den Vögeln überlassen.

Dahlie (*Dahlia*)
Vögel picken die Samen aus den welken Blütenständen. Sie eignen sich auch für Samenmischungen.
Was tun? Samen ernten oder den Vögeln überlassen.

SAMENBOMBEN SELBER MACHEN

Es macht Spaß, Samenbomben selbst herzustellen. Wo sie landen, wachsen Wildblumen, die Insekten und Vögel anlocken.

Eine Samenbombe besteht aus einer Samenmischung, Komposterde und einem Bindemittel. Diese Zutaten werden zu einer Kugel geformt. Sie können eine fertige Samenmischung verwenden, aber noch mehr Spaß macht es, die Samen selbst zu ernten (siehe S. 114–115). Die Samen von ein- und mehrjährigen Wildblumen eignen sich gut dafür.

Werfen Sie die Samenbomben einfach in den Garten oder an eine andere Stelle mit offenem Boden, an der sie keimen können. Gießen Sie sie entweder, sodass die Kugeln aufweichen, oder warten Sie, bis sie ganz von selbst zerfallen und ihre Samen verteilen.

Samenbomben gibt es auch zu kaufen. Sie zersetzen sich allmählich und geben die Samen frei, die dann keimen. Überlassen Sie die Keimlinge einfach sich selbst oder dünnen Sie sie aus.

SIE BRAUCHEN:

- 1 Tasse Samen
- 5 Tassen torffreie Anzuchterde
- 2–3 Tassen Tonpulver oder lehmige Erde

1. Auswahl der Samen

Mischen Sie die Samen verschiedener Arten: kleine Pflanzen, auffällige Blütenpflanzen und buschigere Arten. Sie können die Samen kaufen oder im Garten sammeln.

2. Geben Sie Anzuchterde dazu

Vermischen Sie Anzuchterde mit den Samen und geben Sie etwas Wasser dazu, damit sich alles verbindet.

3. Ein Bindemittel

Geben Sie etwas Tonpulver oder lehmige Erde als Bindemittel zu der Mischung, sodass die Kugeln nicht zerfallen, wenn sie trocknen.

4. Formen Sie eine Samenbombe

Formen Sie aus der Mischung Kugeln und lassen Sie sie an einem kühlen Ort trocknen.

5. Flecken mit Wildblumen

Werfen Sie die Samenbomben im Garten an Stellen, wo der Boden nicht bewachsen ist.

WASSER FÜR DIE VÖGEL

WASSER FÜR DIE VÖGEL

Wenn Sie in Ihrem Garten Wasser anbieten, können die Vögel trinken und baden. Ein Gartenteich lockt unterschiedliche Tiere an. Allmählich bildet sich ein komplexes Ökosystem aus, zu dem Vögel und viele andere Tiere gehören.

Haussperlinge baden gern in seichten Teichen, Vogelbädern und Pfützen. Dabei geht es lebhaft zu.

WASSER IM GARTEN

Wasser ist für Vögel lebenswichtig. Sie trinken es und baden darin, damit ihr Gefieder sauber und funktionsfähig bleibt.

Wenn Sie in Ihrem Garten Wasserstellen anbieten, verwandelt er sich in einen Lebensraum, der viele Wildtiere anlockt. Ein Vogelbad (siehe S. 126–127) wird gerne angenommen. Wenn Sie genügend Platz haben, können Sie auch einen Gartenteich anlegen (siehe S. 134–137). Zahlreiche Insekten besuchen die Blüten der Wasser- und Uferpflanzen und sind wiederum Nahrung für viele Vögel.

Wasser zum Trinken

In warmen Sommern und in Regionen, in denen es wenige Gewässer gibt, besuchen Vögel häufig Gärten mit Teichen, Vogeltränken oder anderen Wasserstellen. Viele Vögel können Tau- und Regentropfen auf Blättern trinken, aber eine saubere, gut zugängliche Wasserstelle im Garten ist für sie ebenso lebenswichtig wie Nahrung und Nistmöglichkeiten. Samenfresser nehmen mit ihrer Nahrung nur wenig Flüssigkeit auf und müssen deshalb mehr trinken als Insektenfresser. Überlegen Sie sich genau, wo Sie ein Vogelbad oder einen Teich platzieren, denn die Vögel nutzen die Gelegenheit nicht, wenn das Risiko zu groß ist, dort einem Fressfeind zum Opfer zu fallen. Je sicherer die Wasserstelle ist, desto wahrscheinlicher wird sie angenommen.

Wasser im Garten ist für Vögel, Insekten und kleine Säugetiere lebenswichtig. Eine Wasserstelle im Garten lockt zahlreiche verschiedene Tiere an.

Nahrung

Eine Wasserstelle im Garten, etwa ein Teich, bietet den Vögeln indirekt auch Nahrung. Insektenfresser fangen die unzähligen Insekten und ihre Larven, die im Wasser und am Ufer leben. Auch Frösche und Kröten werden angelockt. Sie vertilgen lästige Schnecken und sind selbst wiederum Beute von Greifvögeln und Eulen.

Badegelegenheiten

Die meisten Vögel baden gern in Pfützen und Vogelbädern, um Parasiten loszuwerden. Das Wasser weicht Schmutz auf, der ihr Gefieder verklebt. Anschließend werden die Federn sorgfältig von der Basis zur Spitze durch den Schnabel gezogen. Mit einem gepflegten Gefieder bleiben Vögel flugfähig und kühlen nicht aus.

EIN VOGELBAD AUFSTELLEN

Ein Vogelbad sollte in Ausführung und Größe gut zum Garten passen. Stellen Sie es an einer Stelle auf, an der sich die Vögel sicher fühlen.

Man kann viele unterschiedliche Vogelbäder kaufen, von rustikalen bis hin zu schlichten Modellen. Es gibt sie in verschiedenen Höhen, mit Sockeln oder als Bodenbecken. Sie können auch selbst ein Bad bauen (siehe S. 128–129).

Ein Bad auf einem Sockel

Meistens haben solche Bäder einen Sockel aus Metall oder Beton. Sie sind ideal für kleinere Vögel, die gern in Gemeinschaft baden, wie Sperlinge und Stare, und auch für scheue

Eine verlässliche Wasserquelle zum Trinken ist vor allem dann wichtig, wenn es sehr heiß oder so kalt ist, dass das Wasser gefriert.

Arten, die rasch wegfliegen wollen, wie Meisen und Zaunkönige. In einer Rabatte oder auf dem Rasen sehen die Bäder dekorativ aus.

Ein hängendes Vogelbad

Es gibt auch Vogelbäder, die Sie in einen Baum, mittels einer Halterung an einen Zaun oder an einen frei stehenden Pfosten hängen können. Viele dieser Bäder sind aus leichtem Plastik. Die Ränder sind aufgeraut, sodass die Vögel nicht an der Oberfläche abrutschen. Wenn Sie das Vogelbad in einen Baum hängen, dann sollte es keiner sein, von dem viele Blütenblätter oder Früchte herabfallen.

Bäder am Boden

Vogelbäder, die man auf den Boden stellt, gibt es in vielen Ausführungen und Größen. Größere sind ideal für Drosseln und Tauben. Manchmal werden sie zum Mini Teich für Frösche und Kröten, und sie bieten Igeln eine Trinkgelegenheit. Wenn Sie einen Gartenteich haben, sollten Sie an einer Seite einen flachen Uferbereich schaffen, sodass Vögel dort baden können. Sorgen Sie dafür, dass kleine Säugetiere sicher aus dem Wasser klettern können, entweder über ein flaches Ufer oder einen Steinhaufen.

Die Wassertiefe

Seichte, bis zu 5 cm tiefe Bäder sind vor allem für kleine Vögel mit kürzeren Beinen geeignet. Sie setzen sich beim Baden gern ins Wasser. Tiefere Bäder sind ideal für größere Arten, allerdings müssen Sie dafür sorgen, dass kleine Vögel und andere Tiere aus dem Wasser klettern können, entweder über Trittsteine oder ein flaches Ufer.

Eine Schüssel mit Wasser auf dem Boden oder auf einer niedrigen Mauer reicht für die meisten Vogelarten als Bad völlig aus.

Wo ist der beste Platz für das Bad?

Beim Baden sind Vögel eine leichte Beute. Sie genießen das Bad viel mehr, wenn sie sich sicher fühlen können. Positionieren Sie es deshalb so, dass die Vögel einen Rundumblick haben. Steht es sehr nah an Bäumen und Sträuchern, meiden es die Vögel, weil sie Angst vor Feinden haben. Auf der anderen Seite mögen sie es, wenn es in einiger Entfernung Sträucher gibt, die ihnen Deckung bieten. Wenn Sie ein Bad mit Sockel in eine Rabatte stellen, sollten Sie dornige Sträucher darunter pflanzen, sodass Katzen nicht hinaufklettern können. Das Bad muss sehr stabil stehen. Wenn die Vögel das Bad nicht nutzen, platzieren Sie es an einer anderen Stelle – aber nicht direkt neben einem Futterspender, damit kein Futter das Wasser verschmutzt.

EIN VOGELBAD BAUEN

Sie können verschiedene Alltagsgegenstände zu einer Wasserstelle für Gartenvögel umfunktionieren.

Richten Sie sich bei der Wahl des Materials für Ihr Vogelbad nach dem Platz, der zur Verfügung steht. Geeignet sind Reifen, Plastikschüsseln oder Deckel von Mülltonnen. Sie dürfen allerdings keine scharfen Ränder haben. Die Tiefe passen Sie an, indem Sie Steine in das Bad und an den Rand legen, sodass die Vögel auf ihnen stehen können. Etwas mehr Arbeit macht es, ein Bad aus einem Reifen zu bauen, aber so entsteht eine lang haltbare Wasserstelle.

1. Graben Sie ein Loch

Graben Sie ein breites, flaches Loch für das Bad. Messen Sie den Reifen vorher genau aus, damit das Loch die richtige Größe hat.

2. Füllen Sie Erde auf

Legen Sie den Reifen in das Loch. Füllen Sie Erde so auf, dass der Reifen an der Innenseite unten mit Erde bedeckt ist. Legen Sie dann Steine in das künftige Becken, um seichte Stellen zu schaffen.

3. Eine Folie für das Bad

Legen Sie eine wasserdichte Folie so über den Reifen, dass der Boden und der Rand bedeckt sind. Häufen Sie rund um den Reifenrand Erde an, um die Folie zu fixieren.

4. Schaffen Sie ein Ufer

Bedecken Sie die Ränder des Reifens mit Steinen. Legen Sie außerdem unterschiedlich große Steine in den Reifen. Die Vögel können auf ihnen stehen, während sie baden oder trinken. Füllen Sie nun Wasser ein.

ANDERE SELBST GEBAUTE BÄDER

Eine im Boden eingegrabene Plastikschüssel dient als Bad. Legen Sie Steine in die Schüssel und an die Ränder.

Eine Keksdose aus Plastik mit Steinen im Becken und am Rand bietet Vögeln Trink- und Badegelegenheiten.

Legen Sie einen Mülltonnendeckel so auf Ziegelsteine, dass er stabil steht. Legen Sie einige Steine ins Wasser.

DAS VOGELBAD SAUBER HALTEN

Halten Sie das Vogelbad sauber. Wenn Sie ein paar einfache Dinge beachten, steht es den Vögeln das ganze Jahr über zur Verfügung.

Je nach Jahreszeit gibt es einige Aufgaben zu erledigen, damit das Vogelbad oder die Vogeltränke in gutem Zustand bleibt und sich keine Bakterien und andere Krankheitserreger ausbreiten. Nur Wasser nachfüllen oder sich auf den Regen verlassen, reicht nicht aus.

FRÜHJAHR UND SOMMER

Wasser nachfüllen

Gewöhnen Sie es sich am besten an, regelmäßig nach dem Vogelbad zu sehen und frisches Wasser nachzufüllen, sodass die Vögel baden und trinken können. Im Sommer verdunstet das Wasser schnell.

Abfälle entfernen

Manchmal schwimmen Blätter, Blüten und andere Abfälle im Becken, sodass die Vögel nicht ungestört baden können. Entfernen Sie solche Dinge deshalb regelmäßig.

Reinigung

Einige Algen können den Vögeln als Nahrung dienen, aber sie sollten sich nicht zu stark vermehren. Leeren Sie das Becken regelmäßig und reinigen Sie es mit einer Bürste, warmem Wasser und etwas Seife, bevor Sie wieder sauberes Wasser einfüllen.

HERBST UND WINTER

Halten Sie das Wasser sauber

Im Herbst und Winter sind saubere, seichte Wasserstellen rar. Oft frieren solche kleineren Wasserstellen zu oder verschlammen, sodass den Vögeln zu wenig natürliche Trinkgelegenheiten zur Verfügung stehen. Wechseln Sie das Wasser im Bad deshalb täglich oder jeden zweiten Tag, damit es frisch bleibt, und schrubben Sie das Becken regelmäßig sauber.

Ausstiegshilfen für kleine Tiere

Eis, Algen und Blätter können sich während der Herbst- und Wintermonate im Becken anhäufen, sodass kleine Vögel und Säugetiere Schwierigkeiten haben, aus dem Wasser zu kommen. Bringen Sie eine Ausstiegshilfe aus rauem Holz an. Wenn Sie einen Vogel oder ein Säugetier entdecken, das nicht aus dem Wasser kommt, dann ziehen Sie Handschuhe an und holen es heraus. Lassen Sie es neben dem Bad sitzen, sodass es trocknen und sich erholen kann.

Das Wasser darf nicht zufrieren

Bei Kälte sollte der Wasserstand im Bad niedriger sein als üblich. Es reicht zum Trinken und Baden, wenn das Wasser nur 5 cm tief ist. Legen Sie einen Tennisball ins Wasser, damit es nicht zufriert. Der Wind bewegt ihn wahrscheinlich, sodass ein Teil des Wassers eisfrei bleibt. Wenn nötig, gießen Sie warmes (kein kochendes) Wasser in das Becken, um das Eis aufzutauen.

WESHALB EIN GARTENTEICH?

Auch ein kleiner Gartenteich bietet den Vögeln und anderen Wildtieren viel und ist ein wunderschöner Blickfang.

Wasser im Garten lockt Amphibien, Insekten und kleine Säugetiere an. Einige Vögel fressen wirbellose Tiere, andere baden und trinken im Teich. Pflanzen und Tiere bilden über und unter Wasser ein Ökosystem. Egal wie groß ein Teich ist (siehe S. 134–137) – er ist für die Tiere im Garten immer eine Bereicherung.

Im und am Teich wachsen viele Wasser- und Uferpflanzen, die es anderswo im Garten nicht gibt. Einige halten das Wasser sauber und bieten Wassertieren Lebensräume. Andere bieten Nektar, oder Insekten legen ihre Eier auf ihnen ab. Im Teich gedeihen in unterschiedlichen Tiefen verschiedene Pflanzenarten. Einige sollten Sie in die Mitte ins tiefe Wasser pflanzen, andere an die seichteren Uferbereiche. Manche Pflanzen treiben im Wasser. Arten, die an sumpfige Bedingungen angepasst sind, wachsen an den Rändern. Sie bieten Igeln, Fröschen, Kröten und Vögeln Deckung.

Wichtig für die Vögel

Libellen, Köcherfliegen und viele andere Insekten leben im und am Teich und legen ihre Eier hier ab. Fledermäuse stoßen herab und fangen Insekten. Im Lauf der Zeit kommen Molche, Frösche und Kröten herbei. Sie vermehren sich im Teich und ziehen sich an schattige Orte im Garten zurück. Es ist wichtig, dass der Teich ein flaches Ufer hat, sodass Amphibien, Vögel und kleine Säugetiere gut in das Wasser gelangen und auch wieder herausklettern können.

Wenn Sie ein Ökosystem mit vielfältigen Arten schaffen, bietet es den Vögeln zusätzliche Nahrungsquellen. Schwalben fangen an größeren Teichen Insekten, und Grasmücken und Meisen suchen an kleinen Teichen nach Beute. Das Wasser lockt auch Vögel an, die man normalerweise nicht im Garten sieht, wie Reiher und Enten. Und wenn im Teich seichte Stellen und Steine sind, kann er auch als Vogelbad und -tränke dienen.

Nützlich für die Menschen

Ein Teich im Garten ist nicht nur für die Vögel und anderen Tiere eine Bereicherung, sondern auch für uns. Das Geräusch von plätscherndem Wasser löst bei uns ein Gefühl der Entspannung aus. Am Teich können Sie das natürliche Verhalten der Tiere erleben und beobachten, welche Pflanzen und Tiere sich unter der Wasseroberfläche ansiedeln. Auch die Insekten in und am Teich sind faszinierend, etwa Teichläufer und Ruderwanzen an der Wasseroberfläche und Libellenlarven unter Wasser. Im Lauf der Jahreszeiten verändert sich die Natur am Teich. Im Winter ist es ruhig und das Wasser friert oft zu. Im Frühjahr entwickeln sich aus Froschlaich Kaulquappen, und im Sommer schwirren unzählige Insekten um die Blüten der Ufer- und Wasserpflanzen.

SICHERHEIT AM TEICH

Kinder sind fasziniert von Teichen und all den Tieren, die hier leben. Achten Sie aber auf ihre Sicherheit. Lassen Sie kleine Kinder nie unbeaufsichtigt am Teich spielen und erklären Sie ihnen genau, was gefährlich ist. Wenn Sie sehr kleine Kinder haben, legen Sie am besten zunächst einen kleinen Teich an (siehe S. 134–135). Wenn Sie einen größeren anlegen, sollten Sie diesen zunächst einzäunen.

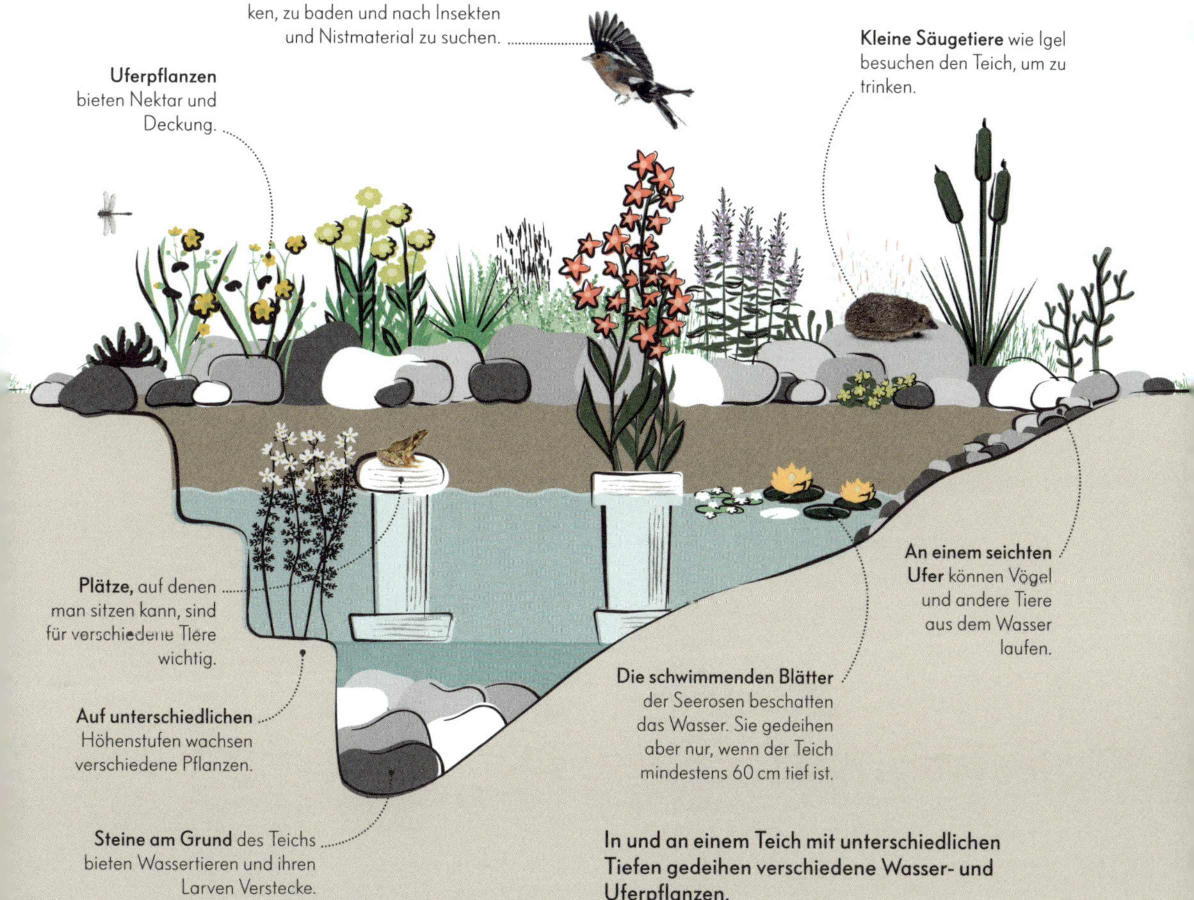

In und an einem Teich mit unterschiedlichen Tiefen gedeihen verschiedene Wasser- und Uferpflanzen.

EIN KLEINER GARTENTEICH

Solch ein Mini-Teich passt gut in einen kleinen Garten oder auf einen Balkon. Kinder können hier gefahrlos Beobachtungen machen.

Vor allem wirbellose Tiere leben in solch einem Teich. Vögel fangen die Insekten, und wenn Sie einen Ansitz schaffen, wie einen großen Stein neben dem Teich, können sie auch trinken. Einen Mini-Teich können Sie aus einer Waschschüssel oder einem großen Pflanzenkübel bauen. Ein altes Aquarium eignet sich ebenfalls. Kinder und Erwachsene können durch die Wände beobachten, was unter Wasser vor sich geht. Auch im kleinsten Teich kann man unterschiedliche Lebensräume schaffen, wie Verstecke und Nischen unter Wasser, und die Pflanzen bieten Tieren Schutz und Nahrung. Am besten ist es, wenn der Teich etwa zur Hälfte bepflanzt ist, sodass Sie von oben noch gut bis auf den Grund schauen können.

1. Der Grund des Teichs

Füllen Sie Erde und kleine Steine in das Gefäß. Die Erdschicht sollte den Boden etwa 5 cm hoch bedecken, sodass Sie Pflanzen einsetzen können.

2. Ausstiegshilfen für Tiere

Häufen Sie Steine so an, dass sie eine Ausstiegshilfe für kleine Tiere bilden. Legen Sie einen halben Blumentopf oder ein Stück Rinde als Versteck für Molche oder kleine Wirbellose auf den Grund.

3. Füllen Sie den Teich mit Wasser

Am besten eignet sich Wasser aus einer Regentonne. Gießen Sie es langsam mit einer Kanne ein, sodass die Steine und der Boden nicht aufgewirbelt werden. Füllen Sie das Gefäß bis knapp unterhalb des Randes.

4. Setzen Sie Pflanzen ein

Setzen Sie Wasserpflanzen wie Sumpf-Schwertlilien, Seerosen oder Froschbiss direkt oder in Pflanzkörbe ein, die Sie ins Wasser absenken. Zwei bis drei Pflanzen an den Ecken reichen aus.

5. Tiere ansiedeln

Wenn Sie von einem Bekannten Teichwasser bekommen können, gießen Sie es in Ihren Teich. Sehr wahrscheinlich enthält das Wasser Larven oder kleine wirbellose Tiere. Aber auch von selbst werden verschiedene Lebewesen den Teich bald besiedeln. Bewohner solcher Teiche sind z. B. Wasserasseln, Köcherfliegenlarven und Schnecken.

EIN GROSSER GARTENTEICH

Passen Sie die Form und Größe des Teichs an den verfügbaren Platz an. Sie können Lebensräume für viele Pflanzen und Tiere schaffen.

Wählen Sie zunächst einen geeigneten Platz für Ihren Teich aus und bedenken Sie dabei, dass er viele Jahre lang ein wesentlicher Bestandteil Ihres Gartens sein wird. Eine offene Stelle mit viel Sonne ist ideal. Der Teich sollte sich nicht zu nah an Bäumen befinden, denn herabfallende Blätter verfaulen im Wasser. Mit einer Teichfolie können Sie einen Teich in jeder Form und Größe anlegen. Wenn Sie das Loch ausheben, dann achten Sie auf wichtige Elemente eines Naturteichs: ein flaches Ufer, eine seichte Stelle, an der Vögel baden können, und verschiedene Tiefen für unterschiedliche Wasserpflanzen (mehr Ideen auf S. 138–139).

1. Heben Sie den Teich aus

Markieren Sie die Form und Größe des Teichs auf dem Boden und heben Sie ihn mit einem Spaten aus. Überlegen Sie, ob Sie eine tiefere Zone im Teich schaffen wollen und wie viele Stufen Sie anlegen. Graben Sie dann das entsprechende Loch.

2. Legen Sie das Loch mit Teichfolie aus

Wenn Sie den Teich ausgehoben haben, dann treten Sie den Boden gründlich fest. Bedecken Sie ihn mit feiner Erde oder Sand, sodass keine spitzen Steine die Folie durchstoßen können. Legen Sie die Folie in den Teich, glätten Sie sie und passen Sie sie der Form Ihres Teichs an.

3. Erde und Steine am Grund

Füllen Sie Erde und Steine unterschiedlicher Größe in den Teich. In die Erde können Sie später Pflanzen setzen. Die Steine bieten den Tieren, die am Grund leben, Versteckmöglichkeiten.

4. Füllen Sie den Teich mit Wasser

Füllen Sie mit einem Gartenschlauch Wasser ein. Dann muss der Teich etwa eine Woche lang ruhen, damit sich Schwebeteilchen absetzen können. Befestigen Sie die Ränder der Folie unter der Grasnarbe am Ufer.

5. Setzen Sie Pflanzen ein

Sumpf-Schwertlilien und Seerosen können Sie in Pflanzkörben in tiefere Bereiche einsetzen. Legen Sie am Ufer Steine ins Wasser, die als Ausstiegshilfe für Tiere dienen. Die Ränder der Folie können Sie mit Ziegelsteinen oder Uferpflanzen kaschieren.

PFLANZEN UND VERSTECKE

Mit Pflanzen schaffen Sie Lebensräume für die Tiere im und am Teich.

Pflanzen und Tiere (siehe S. 140–141) tragen zum natürlichen Gleichgewicht im Teich und zur Sauberkeit des Wassers bei. Wenn Sie verschiedene Pflanzen einsetzen und der Teich Nahrung und Rückzugsmöglichkeiten für Tiere bietet, kann sich ein funktionierendes Ökosystem ausbilden.

Pflanzen für die Tierwelt

Je besser die Wasserqualität ist, desto mehr Lebewesen werden den Teich besiedeln. Algen vermehren sich bei viel Sonne und wenn das Wasser zu viele Nährstoffe enthält. Pflanzen beschatten den Teich. Sie reduzieren die Nährstoffe und produzieren Sauerstoff, sodass sich ein Gleichgewicht im Wasser einstellen sollte. Etwa 50 % der Oberfläche sollten mit den Blättern von Schwimmpflanzen bedeckt sein, damit das Wasser beschattet wird.

Uferpflanzen, die im Schlamm wurzeln, bieten Tieren Rückzugsmöglichkeiten. Vögel und Säugetiere bauen hier ihre Nester. Pflanzen schaffen feuchte Orte, wo sich wirbellose Tiere vermehren können, wie Wasserasseln und Plattwürmer (siehe S. 140). Manche ernähren sich von vermodernden Material am Grund des Teichs, sodass sich kein Faulschlamm ansammelt.

Sumpf-Vergissmeinnicht

Pflanzen am Ufer

Ufer- und Sumpfpflanzen wurzeln in nassem Boden. Sie gedeihen am Teichrand oder im schlammigen Boden neben dem Teich. Insekten lieben die Blüten des Sumpf-Vergissmeinnichts (*Myosotis scorpioides*).

Seerose

Wasserpflanzen

Die Blätter von Seerosen und anderen Pflanzen, die in tieferen Bereichen wachsen, sorgen während der Sommermonate für Schatten. Ihre Blüten bieten Insekten Nahrung.

Raues Hornblatt

Wasserpflanzen

Schaffen Sie mit Arten wie Froschbiss (*Hydrocharis morsus-ranae*) schattige Bereiche im Wasser. Raues Hornblatt (*Ceratophyllum demersum*) treibt im Wasser und bildet Sauerstoff, sodass das Wasser klar bleibt.

HILFREICH FÜR WILDTIERE

Seichte Stellen schaffen

Legen Sie Kieselsteine, die über die Wasseroberfläche ragen, in den Teich. So entstehen seichte Stellen, an denen Vögel gefahrlos baden und trinken können.

Krötentopf

Ein Krötentopf in der Vegetation am Teichufer bietet Kröten und Fröschen Schutz vor Fressfeinden. Er spendet im Sommer Schatten und schützt im Winter vor der Kälte.

Ausstiegshilfe

Bauen Sie eine Leiter aus Holz oder legen Sie Trittsteine für Vögel, Frösche und Molche ins Wasser. Auch kleine Säugetiere, die in den Teich fallen, können hier herausklettern.

TIERE IM TEICH

Ein Teich ist ein Ökosystem für Tiere, die im und am Wasser leben. Alle Lebewesen tragen dazu bei, dass der Teich gesund bleibt. Viele sind zudem Nahrung für Vögel.

Stichlinge

Stichlinge gehören zu den Fischen, die am häufigsten in Gartenteiche eingesetzt werden. Wenn sie sich angegriffen fühlen, stellen sie ihre Stacheln auf. Oft verstecken sie sich zwischen Wasserpflanzen. Sie ernähren sich von wirbellosen Tieren und Pflanzenteilen.

Frösche

Diese Amphibien verbringen nicht ihr gesamtes Leben im Wasser und nutzen feuchte Orte an Land als Verstecke, wie etwa Krötentöpfe (siehe S. 139) oder Steine. Sie fangen Fliegen und Mücken, die ihre Eier im Wasser ablegen, und laichen auch in Gartenteichen.

Wasserasseln

Die kleinen Krebstiere sind in Teichen häufig und nehmen durch ihren Panzer Sauerstoff auf. Am Grund ernähren sie sich von verfaulenden Pflanzenteilen.

Plattwürmer

Diese Wirbellosen leben in vielen Teichen. Sie sind unterschiedlich groß und variabel gefärbt und leben am Grund. Mit ihrer Färbung sind sie gut getarnt.

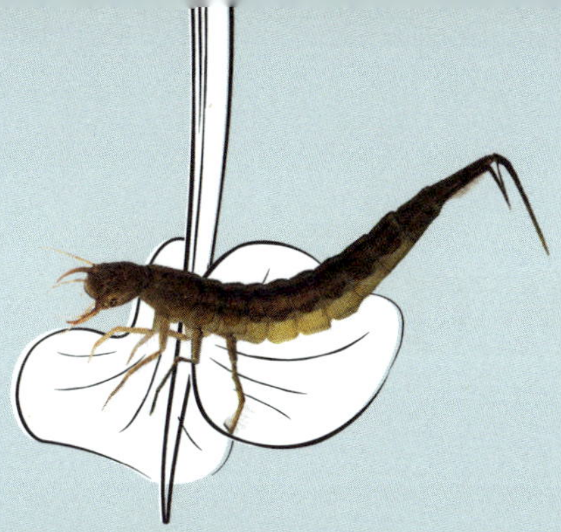

Gelbrandkäferlarven

Die Larven des Gelbrandkäfers gehören zu den größten Räubern im Teich. Sie müssen zum Atmen zur Oberfläche schwimmen.

Libellen

Libellenlarven leben als Räuber im Wasser. Schließlich klettern sie auf Stängel von Wasserpflanzen und verwandeln sich in geflügelte Libellen.

Köcherfliegenlarven

Diese Larven leben im Wasser. Mit klebriger Seide heften sie kleine Partikel an ihren Körper. Meistens kann man an den Partikeln auf den Köchern erkennen, welche Pflanzen am Grund des Teichs wachsen. Köcherfliegenlarven ernähren sich von Pflanzenteilchen.

Molche

Molche verbergen sich oft zwischen den Pflanzen im Teich und ernähren sich von Mücken, Larven und kleinen wirbellosen Tieren. Im Sommer kommen sie aus dem Wasser und sonnen sich auf Steinen. Sie legen ihre Eier im Teich ab.

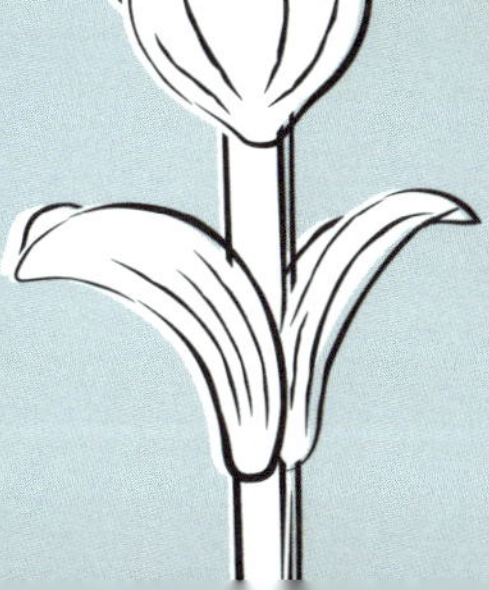

Spitzschlammschnecken

Diese Schnecken gehören zu den häufigsten Tieren im Teich und heften sich oft im Uferbereich fest. Sie fressen Pflanzen und sind für Vögel wichtige Nahrung.

ANDERE TIERE AM UND IM TEICH

- Kröten
- Ringelnattern
- Fledermäuse
- Eintagsfliegen
- Teichläufer
- Wasserkäfer
- Egel und Würmer
- Süßwasserkrebse

ARBEITEN AM TEICH

Mit einigen regelmäßigen Pflegearbeiten sorgen Sie für gute Wasserqualität und optimale Lebensräume für die Tiere im Teich.

Seen und große Teiche bilden meistens Ökosysteme, die sich mehr oder weniger selbst erhalten. Ein Gartenteich kann jedoch mit Pflanzen und Algen überwuchert werden. Manchmal sammelt sich auch vermoderndes Falllaub in ihm an, sodass die Wasserqualität schlechter wird. Sie müssen das Teichwasser deshalb nicht ablassen oder Pflanzen entfernen. Mit kleinen Arbeiten während des ganzen Jahres können Sie die Wasserqualität verbessern, sodass der Teich in gutem Zustand bleibt.

Arbeiten im Frühjahr und Sommer

Holen Sie in den Frühjahrs- und Sommermonaten mit einem Kescher Falllaub aus dem Wasser. So verrottet es nicht im Wasser und es wird verhindert, dass zu viele Nährstoffe ins Wasser gelangen und sich Algen zu stark vermehren.

Vögel transportieren winzige wirbellose Tiere an ihren Füßen und Schnäbeln von einem Teich zum nächsten. Sie verbreiten jedoch auch Algen und unerwünschte Pflanzen. Achten Sie darauf, welche Algen und Pflanzen in Ihrem

Schneiden Sie welke Pflanzenteile ab (siehe links). Wenn sich Algen ansammeln, dann entfernen Sie sie mit einem Stock oder einem Rechen (siehe oben).

Füllen Sie wenn nötig Wasser nach (siehe links). Im Herbst fängt ein über den Teich gespanntes Netz das Falllaub auf (siehe unten). Ansonsten sammeln Sie die Blätter ab, damit sie nicht im Wasser verfaulen.

Teich wachsen. Holen Sie wuchernde Algen mit der Hand oder einem Stock heraus. Lassen Sie alle Pflanzen und Algen, die Sie aus dem Teich gefischt haben, ein paar Tage am Ufer liegen, bevor Sie sie auf den Kompost geben, damit sich Wassertiere in Sicherheit bringen können.

Ein niedriger Wasserstand kann im Sommer zu Problemen führen. Achten Sie auf einen gleichbleibend hohen Wasserstand, damit die Vögel trinken und baden können und die Pflanzen genug Wasser haben. Wenn nötig, füllen Sie mit einem Gartenschlauch Wasser nach.

Wenn der Wasserstand schnell sinkt, ist es wahrscheinlich, dass die Folie ein Loch hat. Warten Sie ab, bis der Wasserstand nicht weiter absinkt. Auf dieser Höhe muss sich das Loch befinden. Suchen und markieren Sie es. Nun können Sie es mit einem Stück Teichfolie und Spezialkleber nach der Anleitung für das jeweilige Produkt flicken. Wenn die geflickte Stelle gut getrocknet ist, können Sie den Teich wieder mit Wasser auffüllen.

Arbeiten im Herbst und Winter

Im Herbst fallen oft Blätter in den Teich. Sie können ein Netz über dem Wasser aufspannen. Schütteln Sie die Blätter, die sich angesammelt haben, von Zeit zu Zeit ab. Eine Eisdecke kann im Winter wirbellosen Tieren, die zum Atmen an die Oberfläche kommen müssen, Probleme bereiten. Entfernen Sie das Eis deshalb regelmäßig oder bohren Sie eine Öffnung hinein.

KLEINE TEICHE PFLEGEN

Bei kleineren Teichen, vor allem Fertigteichen, ist die Pflege besonders wichtig. Wenn ein Faktor aus dem Gleichgewicht gerät, kann gleich der ganze Teich betroffen sein. Sorgen Sie dafür, dass die Pflanzen gesund bleiben, und schneiden Sie sie zurück, wenn es nötig ist. Entfernen Sie rasch alle Blätter, die ins Wasser fallen, und füllen Sie regelmäßig frisches Wasser auf. Prüfen Sie die Wasserqualität und entfernen Sie wenn nötig Faulschlamm am Teichgrund.

SICHERHEIT

SICHERHEIT

Im Garten gibt es einige Gefahren für die Vögel. Sie können diese minimieren, indem Sie Räuber wie Greifvögel oder Hauskatzen von Futterspendern und Nistkästen fernhalten. So werden sich die Vögel im Garten sicher und wohl fühlen. Auch Vogelkrankheiten können Sie erkennen und ihre Verbreitung eindämmen.

Katzen gehören zu den Hauptfeinden der Gartenvögel. Mit einigen Maßnahmen können Sie verhindern, dass Ihr Stubentiger Vögel erbeutet.

NAGETIERE FERNHALTEN

Halten Sie unerwünschte Besucher von den Futterspendern im Garten fern.

Nahrung, die in Futterspendern leicht zu erreichen ist, lockt Ratten und Mäuse an. Man wird sie los, indem man kurze Zeit kein Futter mehr ausbringt. Dann füttern Sie wieder und schauen, ob sie zurückkommen. Wenn etwa Eichhörnchen immer wieder zu einem Futterspender kommen, entfernen Sie ihn eine Weile. Nagetiere werden auch angelockt, wenn viel Futter auf den Boden fällt. Stellen Sie ein Plastiktablett unter, das herabgefallene Samen auffängt.

Dornige Sträucher als Barriere

Räuber können Sie auf natürliche Weise von ihren Futterspendern fernhalten, indem Sie entsprechende Sträucher pflanzen. Büsche mit Dornen oder Stacheln, wie Rosen und Brombeeren, verhindern, dass Räuber zur Futterstation gelangen, und bieten gleichzeitig Insekten wichtige Lebensräume.

Ein Käfig zum Schutz

Mit einem Gitterkäfig kann man verhindern, dass große Vögel, Nagetiere, Katzen und Füchse dort fressen oder den Vögeln auflauern. Ein Käfig in Form einer umgedrehten Kiste kann verschiedene Stationen schützen, etwa Bodenspender oder Vogelhäuschen.

Hängende Futterspender

Auch Eichhörnchen fressen gern Vogelfutter. Wenn Sie das verhindern wollen, können Sie die Futterspender an einem Draht aufhängen. Für die Hörnchen gibt es spezielle Futterspender, die man mit Nüssen befüllen kann. Vögel können nicht an das Eichhörnchenfutter gelangen.

INSEKTEN, DIE NUTZPFLANZEN SCHÄDIGEN

Gärtner möchten unerwünschte Insekten und Schnecken loswerden, aber viele Abwehrmethoden schaden den Vögeln. Bringen Sie keine Insektizide und andere chemische Mittel aus, die die gesamte Nahrungskette vergiften (siehe S. 107). Schneckenkorn z. B. schadet den Vögeln, wenn sie vergiftete Tiere fressen. Verwenden Sie unschädliche Hilfsmittel wie Kupferband, mit dem man Schnecken abwehren kann.

DER UMGANG MIT HAUSKATZEN

Manchmal erbeuten Katzen viele Gartenvögel. Es gibt verschiedene Möglichkeiten, sie davon abzuhalten.

Es gibt viele Gründe, warum die Vogelpopulationen immer kleiner werden. Eine Ursache, auf die man Einfluss nehmen kann, ist das Verhalten von Hauskatzen. Katzen töten jedes Jahr Millionen Vögel und Kleinsäuger, und es lohnt sich auf jeden Fall, zu verhindern, dass die Haustiere auf die Jagd gehen. Wenn Sie die folgenden Tipps beachten, können Sie dazu beitragen, dass Ihre Katze möglichst wenig Schaden anrichtet. Auch Hauskatzen aus benachbarten Gärten können Sie von Ihren Futterspendern fernhalten.

So schützen Sie die Gartenvögel vor Katzen:

- Füttern Sie Ihre Katze immer zur selben Zeit wie Ihre Vögel. Die Katze ist dann satt, wenn sie nach draußen geht.
- Lassen Sie Ihre Katze eine Stunde nach Sonnenaufgang und eine Stunde vor Sonnenuntergang nicht ins Freie. So können die Vögel am Morgen und am Abend ungestört fressen.
- Pflanzen Sie um die Futterspender dornige Pflanzen, wie Rosen. Auf diese Weise entsteht eine natürliche Barriere, die Katzen abhält.
- Wenn Katzen aus der Nachbarschaft in Ihren Garten kommen, bringen Sie Zitronenschalen oder Zitrusöl in der Nähe der Futterspender aus, denn diesen Geruch meiden Katzen. Sie können es auch mit Ultraschall-Abwehrgeräten versuchen. Viele Katzen mögen die hohen Töne nicht, während Vögel und auch wir sie nicht wahrnehmen können.

Ein Glöckchen am Katzenhalsband warnt Vögel und kleine Säugetiere, dass sich ein Räuber nähert. So haben sie die Chance, sich in Sicherheit zu bringen.

Bringen Sie Nistkästen nicht so an, dass Katzen leichten Zugang haben. In diesen Kasten werden wohl keine Vögel einziehen.

Halsband mit Glöckchen

Ein Glöckchen warnt Vögel vor dem Räuber. Das Halsband muss eng anliegen und sich leicht lösen, damit die Katze nirgendwo hängen bleiben kann.

Kastration oder Sterilisation

Lassen Sie Ihre Katze kastrieren oder sterilisieren. Dann bekommt sie keinen Nachwuchs, wird häuslicher und geht nicht mehr so oft auf die Pirsch.

KRANKHEITEN BEI GARTEN-VÖGELN ERKENNEN

Auch wenn wir alles richtig machen, können sich Krankheitserreger unter den Vögeln verbreiten.

Wenn Sie Ihre Futterspender (siehe S. 64–65) und Vogelbäder (siehe S. 130–131) regelmäßig reinigen, entfernen Sie Krankheitserreger und verhindern, dass Infektionen übertragen werden. Es gibt einige Krankheiten, auf die man achten sollte. Manche sind schwer zu erkennen.

Trichomonaden-Infektion

Dies ist bei Finken und Tauben die häufigste Krankheit, aber sie kann auch bei allen anderen Vogelarten vorkommen. Menschen und Säugetiere werden nicht infiziert. Bei dieser Infektion ist der Schlund betroffen, sodass die Vögel ihre Nahrung nicht mehr gut schlucken können. Typisches Anzeichen ist eine schwere Atmung, und die Finken sehen auch bei trockenem Wetter nass aus. Die Krankheit wird verbreitet, wenn die Vögel in Futterhäuschen Nahrung erbrechen, die die Krankheitserreger enthält, sodass andere Vögel mit ihnen in Kontakt kommen. Auch über Vogelbäder kann sie sich verbreiten. Reinigen Sie Ihre Vogelbäder und Futterspender regelmäßig und gründlich.

Reinigen Sie die Spender gründlich, und zwar im Freien und in einer Schüssel sowie mit Bürste und Handschuhen, die Sie nur zu diesem Zweck benutzen.

Kohlmeisen sind besonders anfällig für Vogelpocken. Betroffen ist die Haut, oft an Partien um die Augen und den Schnabel, aber auch an den Beinen und Flügeln.

Vogelpocken

Bei einer Infektion kommt es zu Wucherungen an der Haut, vor allem am Kopf sowie an Beinen und Flügeln. Im Lauf der Zeit werden es immer mehr. Die Vögel verhalten sich meistens normal. Am häufigsten sind Meisen, Heckenbraunellen und Tauben betroffen. Die Krankheit verbreitet sich durch direkten Kontakt der Vögel und Kontakt mit kontaminierten Oberflächen, wie Futterspendern. Halten Sie die Futterspender deshalb sauber, besonders die Sitzstangen.

Salmonellose

Die bakterielle Infektion ist schwierig zu erkennen. Die Tiere wirken am Futterspender manchmal lethargisch und reagieren bei Gefahr kaum. Salmonellose wird durch Kot verbreitet, deshalb ist regelmäßiges Reinigen der Nistkästen, Futterspender, Tränken und Bäder sehr wichtig.

Papillomaviren bei Finken

Diese Krankheit tritt bei Finken häufig auf. Man kann warzenartige Wucherungen an den Beinen sehen, und die Vögel werden lahm oder verlieren sogar Zehen. Auch diese Krankheit wird über den Kontakt mit Oberflächen verbreitet. Regelmäßiges Reinigen verhindert deshalb die Ansteckung.

Buchfinken sieht man am häufigsten mit Wucherungen an den Beinen und Füßen, die typisch für Papillomaviren sind.

ARTPORTRÄTS

ARTPORTRÄTS

Das folgende Kapitel informiert Sie über 56 Vogelarten, die im Garten vorkommen können. Einige sind häufige Besucher, andere sieht man nur gelegentlich oder zu bestimmten Jahreszeiten im Garten. Die Artporträts helfen bei der Bestimmung der Vögel. Sie erfahren mehr über ihre Lebensweise, ihre Rufe und Gesänge, wo sie Futter suchen und wo sie nisten.

Wenn Sie die Gartenvögel füttern, können Sie sie wunderbar beobachten. Schon bald werden Sie die Arten kennen.

GREIFVÖGEL

SPERBER

Accipiter nisus

Größe Länge: Männchen 29–34 cm, Weibchen 35–41 cm. Flügelspanne: Männchen 58–65 cm, Weibchen 67–80 cm. Gewicht: Männchen 110–195 g, Weibchen 185–340 g.

Merkmale Hakenschnabel, spitze Krallen, lange Zehen, taubengroß, eckiger Kopf, breite Flügel, schlanker Schwanz. Männchen: Oberseite grau, Unterseite rostrot. Weibchen: braun, Unterseite matt weiß mit dunkler Bänderung. Gerader Flug, unterbrochen mit raschen Flügelschlägen (rüttelt nicht). Stößt herab, um Beute zu machen.

Verbreitung In Europa ein verbreiteter Greifvogel, mit Ausnahme des hohen Nordens und Nordostens.

Stimme Meist schweigsam. Wiederholt *kek-kek-kek-kek* als Kontakt- oder Alarmruf, weinerlich *piiii-iiii*.

Lebensraum In Wäldern, Gärten mit Bäumen. Scheu, fängt Vögel, wenn keine Menschen in der Nähe sind.

Nahrung Erbeutet kleinere Gartenvögel, frisst manchmal auch am Futterspender.

Brutbiologie Nistet von Mai bis Juli in Wäldern. Baut Plattform aus Zweigen im Baum. Eier weiß mit rotbraunen Flecken, 4–5 Eier pro Gelege. Die Jungen sind nach 27–31 Tagen flügge.

Pflanzen Sucht Deckung in Bäumen, um seine Beute zu beobachten.

Wasser Trinkt und badet in Teichen.

EULEN

WALDKAUZ

Strix aluco

Größe Länge: 38 cm. Flügelspanne: 100 cm. Gewicht: 420–520 g.

Merkmale Hakenschnabel, um die Beute zu zerteilen, befiederte Fänge, 2 Zehen weisen nach hinten, spitze Krallen zum Fangen der Beute. Taubengroß, runder Kopf, braun gestrichelt mit schwarzen Augen. Meistens sieht man nach Einbruch der Dunkelheit eine Silhouette und hört den eindringlichen Ruf. Manchmal bemerkt man einen Waldkauz tagsüber, wenn kleine Vögel den schlafenden Kauz entdeckt haben und ihn mit lauten Rufen warnen.

Verbreitung In Europa außer im hohen Norden weit verbreitet.

Stimme Nur nach Einbruch der Dunkelheit laut. Kontaktruf laut erregt *ku-wit* oder *ki-jip*. Gesang ein lautes *hu-hu-huuuu, huuu-hu-hu*.

Lebensraum In sommergrünen oder immergrünen Bäumen, auch in Parks, Gärten und Wäldern.

Nahrung Erbeutet kleine Säugetiere (Mäuse, Ratten), Vögel, Würmer und manchmal Frösche. Unverdauliche Teile (Knochen, Fell, Federn) werden als graue Gewölle ausgewürgt. Besucht keine Futterspender.

Brutbiologie Nistet in Baumhöhlen in großen Bäumen wie Eichen, nimmt spezielle Nisthilfen auf Bäumen an, auch in Gärten. Am Nest aggressiv, greift Eindringlinge mitunter an (Inspizieren Sie nie eine besetzte Nisthilfe, denn die Elternvögel können leise angreifen). Legt ab Ende März 2–3 weiße Eier. Brütet etwa 30 Tage lang. Die Jungen sind 32–37 Tage nach dem Schlüpfen flügge.

Pflanzen Hohe, dichte Bäume, Efeu als Deckung während des Tages.

Wasser Jagt an Teichen Kröten und Frösche.

MÖWEN
LACHMÖWE
Chroicocephalus ridibundus

Größe Länge: 35–39 cm. Flügelspanne: 105 cm. Gewicht: 250–330 g.

Merkmale Langer, schlanker Schnabel, Füße mit Schwimmhäuten. Klein, hell silbergrau und weiß mit rotem Schnabel und Beinen und charakteristischem weißen Strich am Flügelrand. Im Brutkleid mit dunkelbrauner Kapuze, im Herbst und Winter weißer Kopf mit schwarzen „Ohrenflecken". Junge Vögel sind oberseits braun und haben ein dunkles Band am Schwanz.

Verbreitung In Europa weit verbreitet, viele Vögel ziehen im Winter aus dem Norden und Osten nach Süden und Westen.

Stimme Sehr laut, besonders in Brutkolonien.

Lebensraum Typischerweise an Küsten, in Salzmarschen, Parks, auf Feldern, auch auf Spielplätzen. Frisst manchmal Aas an Straßenrändern. Fliegt oft über Gärten, lässt sich aber selten nieder.

Nahrung Frisst v. a. Pflanzen und kleine Wirbellose. Holt sich manchmal Essensreste und Vogelfutterreste auf Rasenflächen, besucht keine Futterspender.

Brutbiologie Nistet in Kolonien, typischerweise auf Inseln in Seen, Mooren und Marschen an der Küste. Nimmt keine Nisthilfen an. Die Brutzeit beginnt im April. Gelege mit 2–3 grünlichen, gefleckten Eiern, Brutdauer etwa 23–26 Tage. Die Jungen sind 30–42 Tage nach dem Schlüpfen flügge.

Pflanzen Verbaut Schilf und Seggen im Nest.

Wasser Nutzt Wasser zur Nahrungssuche, zum Baden und Ruhen (schwimmt oft in großen Trupps auf Seen). Die Nester werden in Wassernähe gebaut.

MÖWEN
STURMMÖWE
Larus canus

Größe Länge: 40–46 cm. Flügelspanne: 110–120 cm. Gewicht: 300–480 g.

Merkmale Langer, schlanker spitzer Schnabel, Füße mit Schwimmhäuten. Kleine grau-weiße Möwe, schwarze Flügelspitzen mit großen weißen Flecken. Die grünen Beine, der Schnabel und die schwarzen Augen sind deutlich zu erkennen, wenn der Vogel im Grasland Nahrung sucht.

Verbreitung Brütet v. a. im nördlichen Europa, zieht im Winter in den Süden.

Stimme Sehr stimmfreudig. Die lauten, hohen nasalen Rufe klingen wie Gelächter und sind höher als die der Heringsmöwe.

Lebensraum Sucht an Küsten, auf gepflügten Feldern und im offenen Grasland Nahrung, auch auf Sportplätzen. Oft am Abend an Seen und Teichen.

Nahrung Kleine Wirbellose wie Würmer. Besucht keine Futterspender. Fliegt oft über Gärten, besiedelt sie aber nicht.

Brutbiologie Nistet typischerweise auf Felsen oder Kiesbänken an Stränden und manchmal nahe Seen. Baut unordentliche Nester aus Stroh, Gräsern und Zweigen, oft auch Plastikabfällen. Nimmt keine Nisthilfen an. Die Brutperiode beginnt im Mai. Gelege mit 3 braun gefleckten Eiern, Brutdauer etwa 26 Tage. Die Jungen sind mit 28–35 Tagen flügge.

Pflanzen Sucht bevorzugt im Grasland Nahrung. Im Sommer in Salzmarschen an der Küste.

Wasser Badet im Wasser, sucht an der Küste Nahrung. Vögel sammeln sich vom Herbst bis ins Frühjahr auf Seen.

MÖWEN
SILBERMÖWE
Larus argentatus

Größe Länge: 54–60 cm. Flügelspanne: 125–148 cm. Gewicht: 950–1200 g.

Merkmale Langer Hakenschnabel, Füße mit Schwimmhäuten. Silbergrau-weiße „Strandmöwe" mit schwarz-weißen Flügelspitzen. Gelbe Augen, rosa Beine. Junge Vögel sind braun und werden nach einigen Jahren den Altvögeln ähnlicher. Silbermöwen können aufdringlich werden.

Verbreitung Im nördlichen Europa häufig und verbreitet. Viele Vögel ziehen im Winter nach Süden und Westen, trotzdem werden die Bestände kleiner. Die Art steht auf der Roten Liste und gilt als gefährdet.

Stimme Sehr stimmfreudig. Oft lange lachende und kürzere bellende Rufe.

Lebensraum Sucht an Küsten, auf gepflügten Feldern und im Grasland Nahrung. Frisst in Städten Abfälle.

Nahrung Erbeutet kleine Wirbellose wie Würmer, trampelt mit den Füßen auf den Rasen, damit Würmer und Larven zur Oberfläche kommen. Frisst auch tote Tiere an Straßen, kleine Säugetiere und Essensreste.

Brutbiologie Nistet auf Felsen und Kliffen an der Küste, in Stadtgebieten auf Flachdächern. Verbaut im Nest Gräser und manchmal Plastik und Schnüre. Brütet ab Mai. Gelege mit 2–3 hellgrünen Eiern, brütet 30 Tage lang. Die Jungen sind nach 42 Tagen flügge.

Pflanzen Nutzt Gräser und Algen als Nistmaterial.

Wasser Badet im Wasser und sucht an Stränden Nahrung. Ruht auf dem Meer und auf größeren Seen.

MÖWEN
HERINGSMÖWE
Larus fuscus

Größe Länge: 48–58 cm. Flügelspanne: 142 cm. Gewicht: 830–1000 g.

Merkmale Langer Hakenschnabel, flache Füße mit Schwimmhäuten. Wie eine schlanke Silbermöwe mit dunklerem Rücken. Beine gelb. Jungvögel wie dunkle junge Silbermöwen.

Verbreitung Brütet in Großbritannien, Irland und Skandinavien. Die meisten Vögel ziehen im Winter in den Süden.

Stimme Sehr stimmfreudig. Oft lachende Rufe, tiefer und nasaler als Silbermöwe.

Lebensraum Sucht an Küsten, auf Feldern und im Grasland Nahrung, oft in Stadtgebieten, wo sie nach Abfällen sucht. Nistet lokal auf Flachdächern.

Nahrung Erbeutet kleine Wirbellose wie Würmer, trampelt oft mit den Füßen auf den Rasen, damit Würmer und Larven an die Oberfläche kommen. Frisst Aas, wie überfahrene Tiere.

Brutbiologie Nistet in Kolonien auf Inseln, an Seen und Küsten. Eher in Mooren und auf Inseln, seltener auf Klippen als die Silbermöwe. Nester aus Gräsern und Algen. Brütet ab Mai. Gelege mit 2–3 dunkelbraunen Eiern, Brutdauer etwa 24–27 Tage. Die Jungen sind nach 35–40 Tagen flügge.

Pflanzen Verbaut Strandpflanzen im Nest.

Wasser Badet an Küsten und sucht dort Nahrung. Ruht vom Herbst bis ins Frühjahr mit anderen Möwen auf Seen.

TAUBEN

HOHLTAUBE

Columba oenas

Größe Länge: 33 cm. Flügelspanne: 60–66 cm. Gewicht: 290–330 g.

Merkmale Kurzer Schnabel mit fleischigen Nasenlöchern, kurze Beine und flache Füße. Braungraue Taube ohne Weiß am Hals oder Flügel. Ähnelt der Hohltaube, ist aber kleiner mit grün schillernden Halspartien.

Verbreitung Brütet fast überall in Europa, zieht im Winter aber aus dem Norden und Osten weg.

Stimme Keine Rufe im Flug. Dumpfe, rhythmische Laute.

Lebensraum Sucht im offenen Grasland Nahrung, auch in Gärten auf dem Rasen. Nistet in Parks und Waldland mit alten Bäumen, auch in Mooren und an Küsten. Sucht am Boden Nahrung und lässt sich in alten Bäumen nieder.

Nahrung Frisst am Boden – manchmal auch von Futterspendern heruntergefallene Reste –, besucht aber auch offene Futtertische. Kein häufiger Gartenvogel.

Brutbiologie Brütet im Waldland, in Parks und Gärten. Nistet in tiefen Höhlen in Bäumen oder Felsen. Nimmt Nisthilfen für Eulen an. Brütet ab Februar/März, pro Paar 2 oder mehr Bruten im Jahr. Jedes Gelege besteht aus 2 weißen Eiern, Brutdauer etwa 21–23 Tage. Die Jungen sind nach etwa 27 Tagen flügge.

Pflanzen Legt das Nest mit dünnen Zweigen aus. Frisst v. a. Sämereien, Beeren und Triebe.

Wasser Badet in Vogelbädern.

TAUBEN

RINGELTAUBE

Columba palumbus

Größe Länge: 38–43 cm. Flügelspanne: 68–78 cm. Gewicht: 450 g.

Merkmale Kurzer Schnabel mit fleischigen Nasenlöchern, kurze Beine und flache Füße. Eine große graue Taube mit Weiß am Hals und einem breiten weißen Flügelband, dunkles Band an der Schwanzspitze. Lautes Flügelklatschen beim plötzlichen Auffliegen.

Verbreitung Brütet fast überall in Europa. Vögel aus dem Norden und Osten ziehen im Winter nach Süden und Westen.

Stimme Kein Ruf im Flug. Gesang ist ein gedämpftes, hohles *kuu-kuhku, ku-ku-kuk.*

Lebensraum Sucht im offenen Grasland Nahrung, auch auf Rasenflächen in Gärten, wo sie häufiger wird. Oft in Trupps auf Äckern zu sehen.

Nahrung Sucht am Boden Nahrung, frisst unter Futterspendern herabgefallene Reste, besucht offene Futtertische. Nicht wählerisch, mag auch Gemüsereste. In Sträuchern und Efeu geschickt bei der Nahrungssuche.

Brutbiologie Brütet in Wäldern, Parks und Gärten, manchmal in Außengebäuden, wie Schuppen. Brütet fast während des ganzen Jahres, meist zwischen Mai und Oktober, mehrere Bruten pro Jahr. Legt 2 weiße Eier in ein unordentliches Nest aus Zweigen, Brutdauer 17–19 Tage. Die Jungen sind mit etwa 35 Tagen flügge.

Pflanzen Baut schüttere Plattformen aus dünnen Zweigen. Frisst Beeren und Triebe.

Wasser Badet und trinkt in Vogelbädern und -tränken.

TAUBEN

TÜRKENTAUBE

Streptopelia decaocto

Größe Länge: 32 cm. Flügelspanne: 48–53 cm. Gewicht: 180–200 g.

Merkmale Kurzer, schlanker Schnabel, flache Füße und kurze Beine. Schlanke Taube, großteils hell graubraun und rosa überlaufen, mit schwarzem Halsband. Schwanzunterseite schwarz und weiß. Frisst meistens am Boden. Männchen steigen beim Balzflug steil auf und gleiten harsch rufend ab.

Verbreitung Während des ganzen Jahres in Europa mit Ausnahme Nordskandinaviens.

Stimme Für eine Taube ungewöhnlicher Ruf im Flug, nasal *kwäh*. Gesang dreisilbiges *ku-kuuh-kuk*.

Lebensraum Sucht im Grasland und auf Rasen in Gärten Nahrung. Brütet oft in nahe gelegenen Wäldern.

Nahrung Sucht am Boden Nahrung, oft unter Futterspendern, besucht auch offene Futtertische. Frisst die Beeren von Weißdorn und anderen Sträuchern.

Brutbiologie Brütet in Wäldern, Parks und Gärten. Nistet manchmal in Satellitenschüsseln. Brütet während des ganzen Jahres, mehrere Gelege mit 2 weißen Eiern, Brutdauer etwa 18 Tage. Die Jungen sind mit ca. 21 Tagen flügge. Manche Vögel bauen bereits ein neues Nest, bevor die Jungen der vorigen Brut flügge sind.

Pflanzen Unordentliches Nest aus dünnen Zweigen. Frisst viele Sämereien und Beeren.

Wasser Trinkt und badet in Vogelbädern.

SEGLER

MAUERSEGLER

Apus apus

Größe Länge: 16 cm. Flügelspanne: 40–45 cm. Gewicht: 36–50 g.

Merkmale Kurzer, aber sehr breiter Schnabel, mit dem Insekten im Flug gefangen werden. Kurze Beine, die Vögel können nicht auf dem Boden laufen und nicht sitzen. Dunkler Vogel mit sichelförmigen Flügeln.

Verbreitung In Europa – mit Ausnahme von Island – im Sommer von Mai bis August, im Winter in Afrika.

Stimme Oft hört man die schrillen, typischen Rufe der Mauersegler, die in Trupps Insekten jagen.

Lebensraum Im Flug über Städten und Dörfern, oft über Feldern und Grasland auf Insektenfang. Auf dem Zug und bei schlechtem Wetter über Gewässern.

Nahrung Fängt im Flug Insekten.

Brutbiologie Brütet in Städten und Dörfern, lokal auch an Klippen. Nistet in Mauerlöchern, unter Dachziegeln und in Kirchtürmen. Die Paare bleiben zusammen, bis ein Partner stirbt. Nehmen Nisthilfen an Gebäuden an, aber das kann mehrere Jahre dauern. Brutsaison von Mai bis Juli. Im Abstand von 2 oder 3 Tagen werden 2–3 weiße, runde Eier gelegt, Brutdauer etwa 19–25 Tage. Die Jungen sind nach etwa 56 Tagen flügge.

Pflanzen Nutzt selbst keine Pflanzen, diese sind aber wichtig für die Insekten, von denen sich Mauersegler ernähren.

Wasser Trinkt im Flug und fängt Insekten über der Wasseroberfläche.

SPECHTE

GRÜNSPECHT

Picus viridis

Größe Länge: 30–36 cm. Flügelspanne: 40–45 cm. Gewicht: 180–220 g.

Merkmale Hämmert mit dem Schnabel in Holz und Erde. Kurze Beine, 2 Zehen weisen nach hinten, sodass er sich gut am Stamm festhalten kann. Grün mit roter Kappe. Bewegt sich oft am Boden. Am Baumstamm aufrechtere Haltung als andere Spechte, stützt sich mit seinem Stützschwanz ab. Fliegt bei Störung rufend im wellenförmigen Flug fort.

Verbreitung In Europa verbreiteter Jahresvogel, fehlt im nördlichen Skandinavien, im Norden Schottlands und in Irland.

Stimme Explosiv, schnell *kjü-kjü-kjü* im Flug. Gesang lachend, abfallend *klü-klü-klü-klü*.

Lebensraum Im Waldland in der Nähe offener Heiden oder alter Wiesen, wo er nach Ameisen sucht. Auch im Stadtgebiet.

Nahrung Nimmt mit seiner langen Zunge Ameisen und andere Wirbellose auf. Nicht an Futterspendern.

Brutbiologie Brütet in offenem Waldland und in großen Gärten. Hämmert eine große Baumhöhle. Nimmt selten Nisthilfen für Spechte an. Die Brutsaison beginnt im Mai. Eine Brut mit 4–6 weißen Eiern, Brutdauer etwa 19 Tage. Die Jungen sind nach 23 Tagen flügge.

Pflanzen Laubbäume als Nistplätze und Nahrungsquellen. Grasland mit Ameisennestern.

Wasser Trinkt und badet im Wasser.

SPECHTE

BUNTSPECHT

Dendrocopos major

Größe Länge: 22 cm. Flügelspanne: 36 cm. Gewicht: 80–90 g.

Merkmale Mit dem Schnabel hämmert der Vogel in Holz und knackt Nüsse und Samen. 2 Zehen weisen nach hinten, sodass er gut klettern kann. Der Schwanz dient als Stütze beim Klettern. Schwarz-weißer Vogel mit hellrotem Unterschwanz, auf jeder Seite des Rückens ein großer weißer Fleck. Das Männchen hat einen roten Fleck im Nacken. Auffällig sind die lauten Rufe und der wellenförmige Flug.

Verbreitung In Europa ein verbreiteter Jahresvogel, fehlt in Irland.

Stimme Explosiv *kik*. Trommelt im Frühjahr mit dem Schnabel kurz, laut und schnell gegen Äste.

Lebensraum Waldländer, Gärten mit Futterspendern.

Nahrung Sucht in Baumrinde nach Insektenlarven, besucht Fettknödel und Fettblöcke und frisst Erdnüsse und Sonnenblumenkerne an Futterspendern.

Brutbiologie Brütet in Waldland, Parks und Gärten. Nimmt Spechtkästen an alten Bäumen an. Hämmert tiefe Baumhöhlen. Die Brutperiode beginnt im Mai. Eine Brut mit 4–6 Eiern, Brutdauer etwa 14–16 Tage.

Pflanzen Bevorzugt Laub- und Mischwälder.

Wasser Badet und trinkt an Wasserstellen.

SPECHTE

KLEINSPECHT

Dryobates minor

Größe Länge: 14 cm. Flügelspanne: 24–26 cm. Gewicht: 17–25 g.

Merkmale Kleiner, spitzer Schnabel. 2 Zehen weisen nach hinten. Sperlingsgroßer unauffälliger Specht, weiße Bänder auf dem Rücken. Das Männchen hat eine rote Kappe, beim Weibchen und bei den Jungvögeln ist sie schwarz. Die Rufe sind auffällig.

Verbreitung In Europa Jahresvogel, aber meist selten und lokal verbreitet. Fehlt in Irland und Schottland.

Stimme Nasal *gi-gi-gi-gi*. Trommelt länger, aber schwächer als der Buntspecht.

Lebensraum Waldland, v. a. mit höheren Bäumen und dünnen Ästen bis hoch in die Kronen.

Nahrung Sucht in Baumrinde nach wirbellosen Tieren. Besucht selten Futterspender in Gärten.

Brutbiologie Nistet in Laubwäldern, manchmal in Gärten. Die Brutperiode beginnt im April. Ein Gelege pro Jahr mit 4–6 weißen Eiern, Brutdauer ca. 14–15 Tage. Die Jungen sind nach 19–22 Tagen flügge.

Pflanzen Bevorzugt Laub- und Mischwälder, besucht in manchen Gegenden Flusstäler mit Erlen.

Wasser Trinkt und badet im Wasser.

SCHWALBEN

RAUCHSCHWALBE

Hirundo rustica

Größe Länge: Altvögel 17–21 cm. Jungvögel 14–15 cm. Flügelspanne: 32–34 cm. Gewicht: 16–25 g.

Merkmale Klein. Kurzer, breiter Schnabel, um Insekten im Flug zu fangen. Oberseits dunkelblau, unterseits hell mit dunkler Kehle. Sitzt oft auf Telegrafenleitungen, manchmal in Bäumen.

Verbreitung Zieht im Sommer von Afrika nach Europa. Die Entfernung bis in die nördlichsten Regionen des Verbreitungsgebiets beträgt 11 660 km.

Stimme Sehr stimmfreudig, v. a. wenn andere Schwalben in der Nähe sind. Ruf flüssig *wit-wit-wit*, härter *tswit-tswit*. Gesang schnelles, trillerndes Gezwitscher, oft von Telegrafendrähten aus.

Lebensraum In Gegenden mit vielen Fluginsekten, etwa nahe Gewässern und über offenem Land, bei schlechtem Wetter über Gewässern. Ruht außerhalb der Brutsaison in Schwärmen in Schilfbeständen.

Nahrung Fängt Insekten über Gewässern, Feldern und bei Rinderherden, fliegt oft niedrig über Grasland. Besucht keine Futterspender.

Brutbiologie Napfförmige Nester aus Schlamm und Speichel auf einem Balken oder Vorsprung in einem Stall oder einer Scheune. Nimmt Nisthilfen an. Die Brutperiode beginnt im Mai. 2 Bruten im Jahr mit 4–5 weißen, rot gefleckten Eiern, Brutdauer etwa 17–19 Tage. Die Jungen sind mit 20–22 Tagen flügge.

Pflanzen Kleidet das Nest mit Moos und Stroh aus. Lässt sich selten nieder, um Insekten von Blättern abzusammeln.

Wasser Fliegt über die Wasseroberfläche, um zu trinken und dort Insekten zu jagen.

SCHWALBEN

MEHLSCHWALBE

Delichon urbicum

Größe Länge: 12 cm. Flügelspanne: 26–29 cm. Gewicht: 15–23 g.

Merkmale Kleiner Vogel mit kurzem, sehr breitem Schnabel, der Insekten im Flug fängt. Schwarzer Rücken, breiter weißer Bürzel, Unterseite weiß. Sitzt oft auf Telegrafendrähten, sonnt sich auf Dächern.

Verbreitung Zieht im Sommer von Afrika nach Europa, wo er ein großes Verbreitungsgebiet hat.

Stimme Hart, schnell *priiit* oder *tschrrit*. Gesang zwitschernd, v. a. wenn andere Schwalben in der Nähe sind.

Lebensraum In Gebieten mit vielen fliegenden Insekten und Nistgelegenheiten, wie in Dörfern und Bauernhöfen. Über Gewässern und offenem Land.

Nahrung Fängt im Flug Insekten über dem Wasser, oft zusammen mit anderen Schwalben, meistens in Höhe der Hausdächer oder höher. Besucht keine Futterspender.

Brutbiologie Napfförmige Nester aus Schlamm und Speichel unter Dachtraufen, Brücken etc. Der Nestbau dauert 3 Wochen, die Nester werden mit Federn ausgelegt. Die Altvögel nutzen die Nester im folgenden Jahr wieder, nehmen aber auch Nisthilfen an. Brutperiode von Mai bis August. 2 Bruten, 4–5 weiße Eier, beide Altvögel brüten 13–19 Tage. Die Jungen sind nach 19–25 Tagen flügge.

Pflanzen Pflanzen schaffen Lebensräume für Insekten.

Wasser Die Vögel trinken Wasser und baden darin. Die Nester werden aus feuchtem Schlamm gebaut.

STELZEN

BACHSTELZE

Motacilla alba

Größe Länge: 16–19 cm. Flügelspanne: 25–30 cm. Gewicht: 17–25 g.

Merkmale Dünner Insektenfresserschnabel, dünne schwarze Beine. Flink, nickt mit dem Kopf und wippt mit dem Schwanz. Die Unterart in Großbritannien ist dunkler. Man sieht die Vögel auch auf Bürgersteigen, Parkplätzen, Dächern und Rasenflächen.

Verbreitung In Europa verbreitet und häufig. Vögel aus dem Norden und Osten ziehen im Winter in den Süden.

Stimme Laut, melodisch *tschrip* oder *tsiewit*. Gesang nicht sehr lautes Zwitschern mit Pausen.

Lebensraum Häufig in Städten, wo sie nach Insekten und Abfällen sucht. Hunderte Vögel schlafen im Winter oft gemeinsam auf Bäumen in der Innenstadt. Oft nahe Gewässern und Weidetieren.

Nahrung Frisst kleine Insekten und im Winter Abfälle, wenn Nahrung knapp ist. Besucht keine Futterspender.

Brutbiologie Nester in Mauernischen, unter Brücken und in Gärten in dichtem Laub. Nimmt Halbhohlen-Kästen an, bevorzugt an einem ruhigen Platz oder Außengebäude, wie einem Schuppen. Die Brutsaison beginnt im April. Typischerweise 2 Bruten im Jahr, Gelege mit 5–6 hellgrauen Eiern, Brutdauer 13 Tage. Die Jungen sind nach 16 Tagen flügge.

Pflanzen Die Nester werden aus Gräsern, Pflanzenstängeln und kleinen Blättern gebaut.

Wasser Fängt oft Insekten in Gewässernähe, an Kiesstränden etc., badet oft und trinkt Wasser.

ZAUNKÖNIGE

ZAUNKÖNIG

Troglodytes troglodytes

Größe Länge: 9–10 cm. Flügelspanne: 13–17 cm. Gewicht: 7–12 g.

Merkmale Dünner, spitzer Schnabel eines Insekten- und Spinnenjägers. Kurze Beine, spitze Krallen. Sehr kleiner, rundlicher brauner Vogel mit heller Bänderung auf den Flügeln, der kurze Schwanz ist oft aufgestellt. Hüpft im Garten im Brennnessel- und Brombeerdickicht umher. Auffälliger Gesang.

Verbreitung In Europa verbreitet und häufig.

Stimme Lauter, schmetternder Gesang, schnelle Triller, rasselndes *tschitt* und *zerr*.

Lebensraum In vielen Lebensräumen, wie Gärten, Parks und Waldland mit viel Deckung, wie Brombeeren, bis hin zu Farnbeständen, Felsen und Dickicht in Mooren.

Nahrung Insektenfresser, liebt Spinnen und andere kleine Wirbellose im Unterwuchs oder an Mauern und Wänden. Besucht keine Futterspender.

Brutbiologie Baut ein kugeliges Nest mit einer kleinen Öffnung, in Baumstümpfen, Mauernischen, unter Rohren oder Dachrinnen oder in einem Dickicht. Ruht manchmal in Nistkästen (auch in Gruppen). Die Brutperiode beginnt im April. 2 Gelege im Jahr mit etwa 5–6 weißen Eiern mit rötlichen Flecken, Brutdauer 16–18 Tage. Die Jungen sind nach 20 Tagen flügge.

Pflanzen Baut Nester aus Gräsern, Pflanzenstängeln und kleinen Blättern von Kräutern und Sträuchern.

Wasser Nistet manchmal unter Brücken. Badet gern.

SEIDENSCHWÄNZE

SEIDENSCHWANZ

Bombycilla garrulus

Größe Länge: 18–21 cm. Flügelspanne: 25–30 cm. Gewicht: 45–70 g.

Merkmale Kurzer Schnabel, ideal, um Beeren zu sammeln. Fängt auch Fliegen in der Luft. Kurze Beine und kleine Füße, lange Krallen. Kleiner, untersetzter beigefarbener, rosa überlaufener Vogel mit typischer Haube, schwarzes Kinn, gelbe Schwanzspitze.

Verbreitung Brütet im hohen Norden Europas, zieht im Winter in variabler Zahl nach Süden und Westen. Muss in Jahren mit wenigen Beeren ausweichen.

Stimme Kontaktrufe hohe, feine Triller, wie *sirrrr*.

Lebensraum Waldländer, Gärten, auch Parkplätze mit Sträuchern und Bäumen, die Beeren tragen.

Nahrung Im Winter auf Beeren und Früchte angewiesen. Oft in Schwärmen aus wenigen bis Hunderten Vögeln unterwegs. Zieht weiter, wenn die Beeren gefressen sind. Besucht keine Futterspender.

Brutbiologie Nester hoch oben in Wäldern. Nimmt keine Nistkästen an. Die Brutperiode beginnt im Juni. Eine Brut mit 4–6 blassblauen Eiern, Brutdauer 13–14 Tage. Die Jungen sind nach 17 Tagen flügge.

Pflanzen Braucht im Herbst und Winter Beeren und andere Früchte, wie Cotoneaster, Feuerdorn, Zieräpfel, und im Frühjahr Triebe.

Wasser Kommt zum Trinken häufig an Pfützen und Teiche.

BRAUNELLEN

HECKENBRAUNELLE

Prunella modularis

Größe Länge: 14–15 cm. Flügelspanne: 19–21 cm. Gewicht: 19–23 g.

Merkmale Dünner, kurzer Insektenfresserschnabel, dünne Beine und flache Füße. Klein, braun und grau, oberseits gestreift. Bewegt sich typisch geduckt am Boden. Männchen balzen manchmal gemeinsam und flattern dabei mit den Flügeln.

Verbreitung Jahresvogel in ganz Europa. Vögel im Norden ziehen im Winter in Richtung Süden.

Stimme Ruf hoch, durchdringend *tsiiiht*. Gesang schnell, hoch, nicht so melodisch wie Rotkehlchen und Drosseln.

Lebensraum Häufig in allen Lebensräumen mit Gebüsch und viel Deckung, wie Gärten, Waldland, Parks und Hecken.

Nahrung Sucht typischerweise am Boden Nahrung, wie Würmer und andere Wirbellose, auch herabgefallene Sämereien von Futterspendern. Besucht Bodenfütterungen und Futtertische.

Brutbiologie Mehrere Männchen paaren sich mit einem Weibchen. Die Nester in Hecken und im Gebüsch sind perfekte runde Näpte aus Zweigen und Moos, die mit Federn und Haaren ausgekleidet werden. Nimmt keine Nistkästen an. Brütet ab April. 2 Bruten jährlich, je 4–5 blaue Eier, Brutdauer 14–15 Tage. Die Jungen sind mit 12–15 Tagen flügge.

Pflanzen Mag dichte Sträucher, Brombeerdickichte, Waldland mit überwucherten Gräben, auch Moore und Küstendickichte.

Wasser Trinkt und badet in Teichen und Vogelbädern.

FLIEGENSCHNÄPPER

ROTKEHLCHEN

Erithacus rubecula

Größe Länge: 12–14 cm. Flügelspanne: 20–22 cm. Gewicht: 14–21 g.

Merkmale Schlanker Insektenfresserschnabel, dünne Beine, flache Füße, hüpft umher. Bei Kälte rundlich, an warmen Tagen schlanker. Zuckt oft mit dem Schwanz und den Flügeln.

Verbreitung Brutvogel in ganz Europa.

Stimme Kontaktruf ein scharfes *tik*. Hoch, dünn *siiep*. Gesang perlend, reich, mit schnelleren und langsameren Phrasen, oft nachts bei Straßenlaternen zu hören.

Lebensraum Häufig in Wäldern und Gärten mit Efeu, Brombeeren oder Hecken und in vielen anderen Lebensräumen, von Küsten bis ins Hochland.

Nahrung Sehr häufig in Gärten, hält nach Würmern und Insekten am Boden Ausschau. Besucht auch Futterspender, besonders Vogelhäuser und Bodenfütterungen.

Brutbiologie Brütet in dichter Vegetation in Waldland, Gärten und Parks, in Höhlen in Böschungen oder zwischen Baumwurzeln. Nutzt in Gärten alle möglichen Nistgelegenheiten, wie alte Schuhe und Briefkästen, außerdem Halbhöhlen und Nistkörbe. Brütet ab April. 2 Bruten, 4–5 hellblaue Eier pro Gelege, Brutdauer 14–16 Tage. Die Jungen sind nach 15 Tagen flügge.

Pflanzen Bevorzugt immergrüne Sträucher und Bäume, singt in der Vegetation und sucht dort vom Boden bis in die Baumkronen nach Nahrung.

Wasser Trinkt und badet in Teichen und Vogelbädern.

FLIEGENSCHNÄPPER

GARTENROTSCHWANZ

Phoenicurus phoenicurus

Größe Länge: 13–14 cm. Flügelspanne: 20–24 cm. Gewicht: 11–19 g.

Merkmale Dünner, kurzer Insektenfresserschnabel, dünne Beine, lange Krallen. Körper ähnelt Rotkehlchen, mit rostrotem Schwanz. Männchen mit weißer Stirn, schwarzer Kehle und rostroter Brust. Weibchen braun, Schwanz und Brust rostrot. Zuckt oft mit dem Schwanz.

Verbreitung Zieht im Sommer nach Europa.

Stimme Klar *whiit*, scharf *täk*. Gesang kurz, zwitschernd, endet mit Triller, von hoher Warte aus.

Lebensraum Eichenwälder, auch Waldränder bei Heidegebieten. An Küsten, in Weidendickichten etc.

Nahrung Frisst Insekten, v. a. Raupen auf Blättern, auch Beeren, wie die vom Efeu, sowie Baumsamen. Besucht keine Futterspender.

Brutbiologie Nistet in Baumlöchern, nimmt auch Nistkästen im Waldland an. Die Brutsaison beginnt im Mai. Ein Gelege mit 6–7 hellblauen Eiern, Brutdauer etwa 13–14 Tage. Die Jungen sind nach 16–17 Tagen flügge.

Pflanzen Spezialisiert auf Eichenwälder, kommt aber auch in Misch- und Laubwäldern vor. Sucht auf dem Durchzug Insekten auf Weiden, Ahorn etc.

Wasser Trinkt und badet gern in Teichen im Waldland.

FLIEGENSCHNÄPPER

HAUSROTSCHWANZ

Phoenicurus ochruros

Größe Länge: 13–15 cm. Flügelspanne: 23–26 cm. Gewicht: 14–20 g.

Merkmale Schlanker, kurzer Insektenfresserschnabel, dünne Beine, lange Krallen. Körper ähnelt Rotkehlchen, grau mit rostrotem Schwanz. Männchen im Gesicht und auf der Brust schwärzer, weißer Streifen entlang des Flügels. Hält sich häufig am Boden auf.

Verbreitung Brütet in Europa mit Ausnahme des hohen Nordens, die meisten Vögel ziehen im Winter in den Süden. Brütet manchmal in Städten und Industriegebieten und auf Abbruchflächen.

Stimme Ruf hart *täk* oder *whiit*. Gesang kurz, zwitschernd, endet mit Triller.

Lebensraum Auf Dächern von Gebäuden, in Industriegebieten, an Hängen mit Felsen an der Küste, im Gebirge.

Nahrung Fängt Insekten und Spinnen an Mauern von Gebäuden. Fliegt vom Ansitz auf, um Insekten zu fangen, verbringt aber die meiste Zeit damit, Sämereien und Wirbellose vom Boden aufzupicken.

Brutbiologie Nester in Felslöchern oder Gebäuden. Brütet ab April. 2 Bruten, je 4–6 weiße Eier, Brutdauer 12–16 Tage. Die Jungen sind nach 12–19 Tagen flügge.

Pflanzen Zweige und Moose werden im Nest verbaut.

Wasser Trinkt und badet in Pfützen am Boden.

DROSSELN

SINGDROSSEL

Turdus philomelos

Größe Länge: 22–24 cm. Flügelspanne: 33–36 cm. Gewicht: 65–100 g.

Merkmale Langer, kräftiger Schnabel zum Graben und Pflücken von Beeren (knackt keine Samen). Kräftige Beine, flache Füße. Kleiner als Amsel. Oberseits braun, unterseits gelblich weiß mit v-förmigen dunklen Flecken, v. a. an Brust und Flanken. Bildet keine Schwärme.

Verbreitung Brütet fast überall in Europa. Zieht im Winter aus dem Norden und Osten weg.

Stimme Kurz und hoch *zipp*. Gesang laut, volltönend, melodische und raue Motive.

Lebensraum Oft nahe Hecken, in Parks und Gärten. Häufig in Laubwäldern.

Nahrung Würmer und Larven am Boden. Liebt Schnecken, v. a. in trockenen Zeiten, wenn kaum Würmer zu finden sind. Schleudert Schneckenhäuser auf Steine, um sie zu knacken. Frisst im Herbst und Winter Beeren und Früchte. Sucht in Gärten auf dem Rasen Nahrung.

Brutbiologie Brütet in Waldland und Hecken, oft in Gärten im Efeu oder in niedrigem Gebüsch. Nester aus Zweigen und Stängeln werden mit Moos und einer Schlammschicht ausgekleidet. Brütet ab März. 2–3 Bruten im Jahr, je 4 blaue Eier, Brutdauer 14–15 Tage. Die Jungen sind mit etwa 16 Tagen flügge.

Pflanzen Nistet in Efeu, Weißdorn, Haselsträuchern, Brombeeren und anderen Sträuchern. Frisst Beeren von Cotoneaster, Eberesche, Kirschen und Äpfel.

Wasser Trinkt und badet in Teichen und Vogelbädern.

DROSSELN

ROTDROSSEL

Turdus iliacus

Größe Länge: 19–23 cm. Flügelspanne: 33–36 cm. Gewicht: 50–75 g.

Merkmale Langer, kräftiger Schnabel zum Graben und Pflücken von Beeren. Kräftige Beine, flache Füße. Kleine, dunkle Drossel, oberseits dunkel graubraun mit weißem Streifen über dem Auge, unterseits weißlich mit dunklen, in Streifen angeordneten Flecken, rot unter dem Flügel. In Schwärmen von bis zu 200 Vögeln.

Verbreitung Brütet im nördlichen und östlichen Europa, zieht im Winter in den Süden und Westen.

Stimme Die Rufe hört man im Herbst oft nachts, wenn die Vögel ziehen: dünn und hoch *siiieh*, auch *tschjuk*.

Lebensraum Wintergast auf grasbewachsenen Feldern und Hecken. Kommt in Parks und Gärten, v. a. bei schlechtem Wetter.

Nahrung Frisst Würmer, Larven und Insekten, oft auf Ebereschen, Weißdorn und Apfelbäumen, gemeinsam mit Wacholderdrosseln. Besucht keine Futterspender.

Brutbiologie Nistet in Nadelwäldern in Europa. Nimmt keine Nistkästen an. Brütet ab Mai. Gelege mit 4–5 hellblauen Eiern, Brutdauer 12–15 Tage. Die Jungen sind nach 15 Tagen flügge.

Pflanzen Frisst im Winter Beeren und Äpfel, bei Schnee und Frost in Sträuchern auf Parkplätzen, in Gärten.

Wasser Badet und trinkt in Teichen und Vogelbädern.

DROSSELN
MISTELDROSSEL
Turdus viscivorus

Größe Länge: 26–29 cm. Flügelspanne: 42–48 cm. Gewicht: 100–150 g.

Merkmale Langer, kräftiger Schnabel zum Graben und Beerenpflücken (knackt keine Samen). Kräftige Beine und flache Füße. Eine große, gefleckte Drossel, großteils olivbraun mit grauer Tönung, Unterseite cremeweiß mit runden schwarzen, gleichmäßig verteilten Flecken. Weiß an den Seiten des Schwanzes und unter den Flügeln. In Gruppen mit bis zu 25 Vögeln.

Verbreitung Brütet in den meisten Teilen Europas, zieht im Winter nach Norden und Osten.

Stimme Laut und schnarrend. Gesang flötende Strophen, oft von einer hohen Warte in einem Baum aus. Ohne die ständigen Wiederholungen der Singdrossel.

Lebensraum Oft in Parks, Waldland und Gärten, auch in Heide- und Moorgebieten.

Nahrung Holt Würmer, Larven und Insekten aus dem Boden, sehr häufig auch auf Bäumen, die Beeren tragen, wie Eberesche und Weißdorn, frisst auch Äpfel. Verteidigt die Beeren aggressiv gegen andere Vögel. Besucht keine Futterspender.

Brutbiologie Nester in Astgabeln von Bäumen oder Sträuchern, offener als die anderer Drosselarten. Die Nester bestehen aus Zweigen, Gräsern und Moosen. Die Brutsaison beginnt im April. Jedes Jahr werden 2 Bruten großgezogen, Gelege mit 4 blassblauen Eiern, Brutdauer 15–16 Tage. Die Jungen sind nach 14–16 Tagen flügge.

Pflanzen Viele Beeren, z. B. von Ebereschen, Stechpalmen und Weißdorn. Sucht auch im Grasland Nahrung.

Wasser Trinkt und badet in Teichen und Vogelbädern.

DROSSELN
WACHOLDERDROSSEL
Turdus pilaris

Größe Länge: 22–27 cm. Flügelspanne: 39–42 cm. Gewicht: 80–130 g.

Merkmale Kurzer, kräftiger Schnabel zum Graben und Beerenpflücken. Kräftige Beine und flache Füße. Eine bunte Drossel, Gestalt und Größe ähnlich wie Amsel, aber Kopf und Bürzel grau, Rücken braun und Schwanz schwarz, Brust orange und Bauch weiß mit großen schwarzen Flecken, weiß unter dem Flügel. Schwärme aus bis zu 200 Vögeln.

Verbreitung Brütet im nördlichen und östlichen Europa.

Stimme Laut *tschak-tschak-tschak*, v. a. im Schwarm, nasal *wiehp*. Gesang unauffälliges Schwätzen.

Lebensraum Oft in Parks, auf Feldern und in großen Gärten (v. a. bei Kälte). Sucht typischerweise am Boden Nahrung und fliegt bei Störung in die Baumkronen.

Nahrung Holt Würmer und Larven aus dem Boden, pflückt Beeren von Ebereschen, Weißdorn, mag Äpfel.

Brutbiologie Nistet in kleinen Kolonien hoch in Baumkronen. Nester aus Moos, Zweigen und Schlamm. Nimmt keine Nistkästen an. Brütet ab Mai. 1–2 Bruten, je 4–6 Eier, Brutdauer 13–14 Tage. Die Jungen sind nach 14–16 Tagen flügge.

Pflanzen Sucht im Grasland Nahrung, pflückt im Herbst und Winter Beeren, v. a. von Ebereschen, Stechpalmen und Weißdorn, auch Äpfel.

Wasser Trinkt und badet in Teichen und Vogelbädern.

DROSSELN

AMSEL

Turdus merula

Größe Länge: 23–25 cm. Flügelspanne: 34–38 cm. Gewicht: 80–100 g.

Merkmale Kurzer, kräftiger Schnabel zum Graben und Beerenpflücken. Kräftige Beine, flache Füße. Männchen schwarz außer dem gelben Schnabel und Augenring. Weibchen oberseits dunkelbraun mit Flecken an der Unterseite. Weißliches streifiges Kinn. Jungvögel eher rostbraun, dunkler als die der Singdrossel, mit schwarzen Beinen. Bildet keine Schwärme.

Verbreitung Jahresvogel in ganz Europa.

Stimme Weich *srrii*, wiederholt *tak-tak-tak*, schneller Alarmruf. Gesang volltönend, flötend, viele Variationen. Typischer Gesang im Garten, v. a. in der Dämmerung.

Lebensraum Wo Nahrung verfügbar ist, in Gärten, Parks und Waldland, häufig in Städten.

Nahrung Holt Würmer, Larven und Insekten aus dem Boden, mag Beeren, z. B. von Weißdorn und Eberesche, sowie herabgefallene Äpfel. Besucht Vogelhäuschen und Bodenfütterungen.

Brutbiologie Nistet in Sträuchern, Bäumen und Dachtraufen von Außengebäuden. Brutzeit April bis Juli. 2–3 Bruten im Jahr mit je 3–4 grünblauen Eiern, Brutdauer 13–14 Tage. Die Jungen sind nach ca. 19 Tagen flügge.

Pflanzen Nutzt hohe Bäume als Singwarten, Hecken, Efeu und andere Sträucher. Sucht Nahrung auf dem Rasen.

Wasser Badet und trinkt in Teichen und Vogeltränken.

GRASMÜCKEN

MÖNCHSGRASMÜCKE

Sylvia atricapilla

Größe Länge: 13 cm. Flügelspanne: 20–23 cm. Gewicht: 20–23 g.

Merkmale Langer, dünner Schnabel, um Insekten zu fangen, Füße mit langen Krallen. Kleiner, robuster Singvogel. Männchen graubraun mit schwarzer Kappe. Weibchen brauner mit rotbrauner Kappe. Hat kein schwarzes Kinn (anders als Sumpf- und Weidenmeise).

Verbreitung Brütet in weiten Teilen Europas, zieht im Winter nach Süden oder Westen.

Stimme Kurzes, hartes *täk*. Gesang flötend, schnell, klar, wird schneller und lauter. Abwechslungsreicher und schneller als der des Rotkehlchens.

Lebensraum In Mischwäldern, im Unterwuchs und Dickichten, auch in größeren Gärten mit Gebüsch.

Nahrung Fängt Insekten und andere Wirbellose. Im Sommer häufig in Gärten. Frisst an Futterspendern Sämereien.

Brutbiologie Die Nester werden niedrig in Büschen gebaut. 4–5 beigebraune Eier im Mai, Brutdauer 13–14 Tage. Die Jungen sind nach 14 Tagen flügge.

Pflanzen Braucht dichte Sträucher und Bäume.

Wasser Trinkt und badet in Bächen, Teichen und Vogelbädern.

GRASMÜCKEN

GARTENGRASMÜCKE

Sylvia borin

Größe Länge: 13–15 cm. Flügelspanne: 20–23 cm. Gewicht: 16–22 g.

Merkmale Kurzer, dünner Insektenfresserschnabel, kleine Füße, lange Krallen. Einfarbig brauner unauffälliger Singvogel mit rundem Kopf und grauen Beinen. Oberseite braun ohne Zeichnung, Unterseite beige, hellgrauer Fleck am Hals.

Verbreitung Zieht im Sommer von Afrika nach Europa.

Stimme Ruft satt und weicher *täk* als die Mönchsgrasmücke. Gesang ähnlich, aber meist länger, reich, schnell und melodisch, ohne die melancholischen Töne des Rotkehlchens.

Lebensraum Oft in Parks und Gärten mit viel Vegetation und Unterwuchs, aber v. a. ein Vogel der Wälder und Waldränder. Trotz seines Namens nicht wirklich ein Gartenvogel.

Nahrung Frisst Insekten und andere Wirbellose, aber auch Nektar. Besucht keine Futterspender.

Brutbiologie Nester aus Wurzeln, Stängeln und Gras, niedrig in dichter Vegetation. Nimmt keine Nistkästen an. Die Brutsaison beginnt im Mai. Eine Brut, 4–5 weiße Eier mit Flecken, Brutdauer 11–13 Tage. Die Jungen sind nach 11–13 Tagen flügge.

Pflanzen Braucht dichten Unterwuchs und höhere Bäume. Singt aus Brombeerdickichten oder dichten Sträuchern unter Bäumen.

Wasser Trinkt und badet in Teichen.

LAUBSÄNGER

FITIS

Phylloscopus trochilus

Größe Länge: 10–12 cm. Flügelspanne: 16–22 cm. Gewicht: 7–12 g.

Merkmale Kurzer, dünner Insektenfresserschnabel, kleine Füße, lange Krallen. Kleiner schlanker, heller Vogel, der geschickt durch das Laub schlüpft (weniger ruckartig als Meisen). Schwer vom Zilpzalp zu unterscheiden, außer am Gesang, aber meist heller, etwas flacherer Kopf und längere Flügelspitzen, Beine meist hellbraun.

Verbreitung Zieht im Sommer von Afrika nach Europa.

Stimme Ruft einfach, pfeifend *hü-ut*. Gesang abfallendes Trillern, mit Schnörkel endend.

Lebensraum Häufig in Parks, Mischwäldern, Heidegebieten mit Gebüsch, gelegentlich in Gärten.

Nahrung Frisst Insekten und andere kleine Wirbellose und im Herbst vor dem Zug Beeren. Besucht keine Futterspender.

Brutbiologie Überdachte Grasnester bodennah in dichter Vegetation. Nimmt keine Nistkästen an. Die Brutsaison beginnt im Mai. Eine Brut im Jahr, 5–7 weiße Eier, Brutdauer 13–14 Tage. Die Jungen sind nach 13–16 Tagen flügge.

Pflanzen Liebt Weiden und Birken im Hochland, in Heide- oder Feuchtgebieten.

Wasser Trinkt und badet in Teichen.

LAUBSÄNGER

ZILPZALP

Phylloscopus collybita

Größe Länge: 10–12 cm. Flügelspanne: 16–22 cm. Gewicht: 6–10 g.

Merkmale Kurzer, dünner Insektenfresserschnabel, kleine Füße, lange Krallen. Ähnelt dem Fitis sehr, kleiner grünlicher Vogel mit gelblicher Unterseite, im Winter dunkler olivgrün. Hat einen weißen Halbmond unter dem Auge. Runder Kopf und kurze Flügelspitzen. Die Beine sind dünn und schwarzbraun.

Verbreitung In Europa weit verbreitet, zieht im Winter überall hin, außer ganz in den Süden. Einige Vögel verbringen den Winter in Westeuropa.

Stimme Kurz, einsilbig *twiit*. Gesang klares, helles *zilp-zalp, zilp-zalp*.

Lebensraum Häufig in Waldländern, Parks, Mischwäldern und Gärten. Im Winter oft in Gewässernähe.

Nahrung Frisst Insekten und andere wirbellose Tiere, im Herbst und Winter Beeren und andere Früchte.

Brutbiologie Überdachtes Grasnest mit seitlichem Eingang in Bodennähe. Nimmt keine Nistkästen an. 2 Bruten ab Anfang Mai. Je 5–6 weiße Eier mit violettschwarzer Zeichnung, Brutdauer 13–14 Tage. Die Jungen sind nach 15 Tagen flügge.

Pflanzen Vögel, die früh im Jahr ankommen, lieben Weiden in Gewässernähe wegen der Insekten, später vielfältigere Waldländer.

Wasser Trinkt und badet in Teichen.

GOLDHÄHNCHEN

WINTERGOLDHÄHNCHEN

Regulus regulus

Größe Länge: 8–9 cm. Flügelspanne: 13–14 cm. Gewicht: 5–7 g.

Merkmale Kurzer, dünner Insektenfresserschnabel, kleine Füße, lange Krallen. Klein, rundlich, olivgrün und weißlich mit schwarzen und weißen Bändern am Flügel. Schmale schwarze Kappe mit gelber Mitte.

Verbreitung Brütet fast überall in Europa.

Stimme Sehr stimmfreudig, obwohl die hohen Töne kaum zu hören sind. Gesang schnelles, hohes *siedii- i-siedii.*

Lebensraum Oft hoch in den Baumkronen in Waldland und Parks, besucht auch Gärten mit dichten Bäumen oder niedrigen immergrünen Sträuchern, Efeu und Eichen.

Nahrung Frisst kleine Insekten, Spinnen und andere wirbellose Tiere und die Eier von Schmetterlingen. Besucht manchmal Futterspender mit feinen Sämereien in der Nähe von Bäumen.

Brutbiologie Die Nester sind Näpte aus Moosen, Federn und Flechten in einer Fichte oder Tanne. Nimmt keine Nistkästen an. Die Brutzeit beginnt Ende April. 2 Bruten im Jahr, pro Gelege 6–8 mattweiße Eier mit braunen Flecken, Brutdauer 16–19 Tage. Die Jungen sind nach etwa 21 Tagen flügge.

Pflanzen Verbaut Pflanzenteile im Nest. Bevorzugt Eichen und Nadelbäume, im Herbst und Winter Weiden und Ahorn wegen der Insekten.

Wasser Badet und trinkt in Teichen und Vogelbädern.

GOLDHÄHNCHEN

SOMMERGOLDHÄHNCHEN

Regulus ignicapilla

Größe Länge: 9–10 cm. Flügelspanne: 13–16 cm. Gewicht: 5–7 g.

Merkmale Kurzer, dünner Insektenfresserschnabel, kleine Füße, lange Krallen. Ähnelt dem Wintergoldhähnchen, Oberseite aber grüner und Unterseite weißer. Gesicht mit charakteristischen breiten schwarzen und weißen Streifen.

Verbreitung Brütet in Mittel- und Südeuropa.

Stimme Ruf ähnlich wie der des Wintergoldhähnchens, Gesang scharf, schneller werdend, *si si si sisisiiii.*

Lebensraum Oft hoch in den Baumkronen, in Efeu an Eichen, in Misch- und Nadelwäldern und Parks, auch in hohen Büschen und Hecken in Gärten.

Nahrung Frisst kleine Insekten, Spinnen und andere Wirbellose und die Eier von Schmetterlingen.

Brutbiologie Nimmt keine Nistkästen an. Die Brutzeit beginnt im April, 2 Bruten, je 7–10 Eier, Brutdauer 15–17 Tage. Die Jungen sind nach etwa 21 Tagen flügge.

Pflanzen Liebt Efeu und Stechpalmen, aber auch viele Bäume und Sträucher, wie etwa niedriges Weidengebüsch.

Wasser Badet und trinkt in Teichen und Vogelbädern.

FLIEGENSCHNÄPPER

GRAUSCHNÄPPER

Muscicapa striata

Größe Länge: 13–15 cm. Flügelspanne: 23–25 cm. Gewicht: 14–19 g.

Merkmale Schlanker dunkler Schnabel, der beim Insektenfang weit geöffnet wird. Kurze Beine, lange Krallen, aufrechte Körperhaltung. Schlank und hellbraun, Unterseite silberweiß mit zarten braunen Strichen.

Verbreitung Zieht im Sommer von Afrika nach Europa, weit verbreitet, aber nicht häufig, von Mai bis September anwesend.

Stimme Kurz, dünn *zrrri.* Gesang kurz, kratzend, schwach und unauffällig.

Lebensraum Vor allem in Waldländern, Hecken, Gärten mit vielen Bäumen und in Birkenwäldern in Mooren. Früher häufig in Parks und Friedhöfen, heute viel seltener.

Nahrung Fängt Insekten in der Luft. Stürzt sich mit schnellen Flügelschlägen auf seine Beute und kehrt dann zum selben Ansitz zurück.

Brutbiologie Nistet in Laubwäldern, Parks und Gärten. Napf aus Gräsern in Baumspalten, Nischen und hängenden Körben. Nimmt Halbhöhlen an. Brutzeit von Mai bis August. 2 Bruten mit je 4–5 weißen, rot gefleckten Eiern, Brutdauer etwa 13–15 Tage. Die Jungen sind mit etwa 13 Tagen flügge.

Pflanzen Liebt offene hohe und niedrige Ansitze, wie tote Äste in Laubwäldern und an Lichtungen und Birken im Hochland.

Wasser Badet und trinkt in Teichen und Vögelbädern.

AMMERN

GOLDAMMER

Emberiza citrinella

Größe Länge: bis 16 cm. Flügelspanne: 23–29 cm. Gewicht: 24–30 g.

Merkmale Untersetzt, sucht am Boden nach Nahrung. Schnabel kurz und kräftig, Kopf und Unterseite gelb, beim Männchen ausgeprägter, mit dunkler Zeichnung. Rücken, Flanken und Bauch mit dunklen Streifen. Schwanz lang, weiß gesäumt.

Verbreitung Brütet in weiten Teilen Europas. In vielen Regionen Jahresvogel.

Stimme Ruf *zick* oder *tsit*, auch *srürr*. Gesang eine schnelle Folge hoher Laute, zum Schluss tiefer: *ti-ti-ti-ti-ti-ti-ti-siieeh*.

Lebensraum Ackerflächen und Felder mit Gebüsch, Waldränder, Küsten.

Nahrung Fängt im Sommer Insekten, sucht sonst Samen am Boden. Besucht in größeren Gärten mit Gebüsch Bodenfütterungen.

Brutbiologie Nistet in Kulturlandschaften mit Gebüsch und Feldgehölzen. Mit Haaren ausgekleidetes Nest aus Grashalmen auf dem Boden. Brutzeit April bis Juli. 2–3 Jahresbruten, je 3–5 weiße, dunkel gezeichnete Eier. Die Jungen sind nach 9–13 Tagen flügge.

Pflanzen Sucht am Boden nach Grassamen und anderen Sämereien, frisst verschiedene Beeren.

Wasser Badet und trinkt in Teichen und Vogelbädern.

MEISEN

KOHLMEISE

Parus major

Größe Länge: 13–15 cm. Flügelspanne: 23–25 cm. Gewicht: 18 g.

Merkmale Kurzer, kräftiger Schnabel, um in Baumrinde zu stochern. Kurze Zehen, lange, gekrümmte Krallen. Rundlicher Körper, schlanker Schwanz. Größer und aggressiver als Blaumeise. Oberseite grün, Unterseite gelb, mit großen weißen Wangenflecken am schwarzen Kopf.

Verbreitung In ganz Europa häufiger Jahresvogel.

Stimme Vielfältige Rufe, u. a. *ping, tui*, rau *dschä-dschä*. Gesang hell pfeifend *ti-tä, zi-zi-tä*.

Lebensraum Waldländer, Hecken, Parks und Gärten.

Nahrung Insektenlarven, Sämereien, Früchte, vom Boden bis hoch in die Baumkronen. Besucht gern Futtersäulen, Fettblöcke und Fettknödel, auch Bodenfütterungen. Verhält sich dort oft aggressiv. Zusätzliche Futterspender für Kohlmeisen sind empfehlenswert.

Brutbiologie Nistet in Waldländern, Parks und Gärten in Baumlöchern. Nimmt Nistkästen mit großem Einflugloch an, ist aber territorial, deshalb muss ausreichend Platz zwischen den Kästen sein. Verteidigt ab Januar sein Brutrevier. Brütet von April bis Juni. 1 oder 2 Bruten, je 7–9 Eier, Brutdauer 13–15 Tage. Die Jungen sind nach etwa 20 Tagen flügge.

Pflanzen Kommt in unterschiedlichen Waldländern vor, v. a. mit Eichen und Buchen.

Wasser Trinkt und badet in Teichen und Vogelbädern.

MEISEN
TANNENMEISE
Periparus ater

Größe Länge: 10–12 cm. Flügelspanne: 17–21 cm. Gewicht: 8–10 g.

Merkmale Kurzer, kräftiger Schnabel, um in Baumrinde zu stochern. Kurze Zehen, lange, gekrümmte Krallen. Eine kleine, rundliche unauffällig gefärbte Meise. Charakteristische weiße Wangen, schwarzer Kehllatz und weißer Fleck im Nacken.

Verbreitung In den meisten Gegenden Europas Jahresvogel. Viele Vögel ziehen im Winter nach Süden oder Westen. Bildet im Winter manchmal Schwärme mit anderen Meisen.

Stimme Ruf hohes *tzü*, dünnes *tzi*, helles *psut*. Gesang schnelles *tsi-tsü-tsi-tsü*. Ähnlich wie Kohlmeise, aber weicher und höher.

Lebensraum Waldländer, v. a. Nadelwälder, Hecken, Parks und Gärten.

Nahrung Besucht Futtersäulen, Fettblöcke und Fettknödel, aber auch Bodenfütterungen. Liebt Sonnenblumenkerne. Scheuer als größere Meisen.

Brutbiologie Nistet in Baumlöchern. Nimmt Nistkästen mit kleinen Einfluglöchern an, wird aber oft von größeren Arten vertrieben. Nester aus Moos, Tierhaaren und Gras. Brutzeit von April bis Juni. 1 oder 2 Bruten, je 9–10 weiße Eier pro Brut, brütet etwa 15 Tage lang. Die Jungen sind nach 16–19 Tagen flügge.

Pflanzen Bevorzugt Misch- oder Nadelwälder, auch in größeren Laubwäldern. Hält sich oft beständig an ein oder zwei Nadelbäumen auf. Häufig in Gärten, in Apfelbäumen und Sträuchern.

Wasser Trinkt und badet in Teichen und Vogelbädern.

MEISEN
BLAUMEISE
Cyanistes caeruleus

Größe Länge: 10–12 cm. Flügelspanne: 17–21 cm. Gewicht: 11 g.

Merkmale Kurzer, kräftiger Schnabel, um in Rinde zu stochern und Blätter abzusammeln. Kurze, kräftige Zehen, lange gekrümmte Krallen. Sehr geschickt beim Klettern im Geäst. Häufiger kleiner, gelb, grün und blau gefärbter Vogel mit weißem Gesicht und kleinem schwarzem Kehllatz. Die Flügel und der Schwanz sind aus der Nähe leuchtend blau. Das Männchen ist bunter als das Weibchen, v. a. am Kopf.

Verbreitung Verbreiteter Jahresvogel, in Europa außer im hohen Norden häufig.

Stimme Viele Rufe, wie *sisidüdü*, schimpfend *terrrr-ret-et*. Gesang hohe Töne, tiefer *si-si-sisisi*.

Lebensraum Vor allem Waldländer, Parks und Gärten.

Nahrung Insekten, v. a. Raupen, pickt Nahrung von Mauern und Fensterrahmen. Besucht Futtersäulen mit Sämereien oder Erdnüssen, Fettblöcke und -knödel, auch Bodenfütterungen. Erkundet geschickt Spalten, Blattunterseiten und die dünnsten Zweige.

Brutbiologie Nistet in Waldländern, Parks und häufig in Gärten. Nimmt manchmal Nistkästen mit kleinem Einflugloch an, aber auch Nisthilfen aus unterschiedlichsten Alltagsgegenständen, wie alten Schuhen. Territorial, deshalb muss zwischen den Nistkästen genügend Platz sein. Brutsaison von April bis Juni. 1 oder 2 Bruten mit je 8–10 Eiern, brütet 13–15 Tage lang. Die Jungen sind mit 18–21 Tagen flügge.

Pflanzen Verbaut Moos und Gras im Nest. Sehr aktiv, sucht auf Pflanzen Insekten und Sämereien. Frisst viele Gartenschädlinge, wie Blattläuse und kleine Raupen.

Wasser Trinkt und badet in Teichen und Vogelbädern.

MEISEN

SCHWANZMEISE

Aegithalos caudatus

Größe Länge: 13–15 cm. Flügelspanne: 16–19 cm. Gewicht: 9 g.

Merkmale Kurzer Schnabel, um Insekten aufzupicken. Kurze, kräftige Zehen und lange, gekrümmte Krallen. Sieht aus wie eine Kugel mit einem Stiel, mit rundem rosa, schwarzem und weißem Körper und dem langen, dünnen Schwanz. Altvögel haben oft eine rosa getönte Brust. Jungvögel sind weißer mit rotem Augenring. Schläft nachts oft in dicht gedrängten Gruppen.

Verbreitung In den meisten Teilen Europas außer im hohen Norden ganzjährig anwesend.

Stimme Hohes, dünnes *siii siii siii*. Kurzes abruptes tieferes *trrp* oder *zerrrp*.

Lebensraum Waldländer, Hecken, Äcker und Felder, Parks und Gärten.

Nahrung Vor allem Spinnen, Insekten und ihre Larven. Besucht Futterspender, liebt Erdnüsse, Fettblöcke und -knödel. Scheuer als größere Meisen.

Brutbiologie Nistet in Waldländern, Parks und Gärten mit dichtem Unterwuchs. Nimmt keine Nistkästen an. Kugeliges Nest aus Moosen und Spinnweben in Astgabel, getarnt mit Birkenblättern und Flechten. Brütet ab Anfang April. Legt 5–18 weiße Eier, Brutdauer 14–18 Tage. Die Jungen sind mit 16–17 Tagen flügge.

Pflanzen Vor allem Weißdorn, Brombeeren, Schwarzdorn, Apfel- und Kirschbäume, Eichen und Birken.

Wasser Trinkt und badet in Teichen und Vogelbädern.

KLEIBER

KLEIBER

Sitta europaea

Größe Länge: 12–14 cm. Flügelspanne: 22–27 cm. Gewicht: 20–25 g.

Merkmale Spitzer, kräftiger Schnabel, um in Rinde zu stochern und Samen und Nüsse aufzuhämmern. Kurze Beine und lange Zehen mit spitzen Krallen, kann auch den Baumstamm hinab laufen. Ein charakteristischer keilförmiger Vogel mit flachem Kopf und Rücken und kurzem, eckigem Schwanz. Oberseite grau, schwarzer Augenstreifen.

Verbreitung In den meisten Teilen Europas außer im hohen Norden Jahresvogel.

Stimme Rufe fein *zitt*, lauter *tweet tuit*. Gesang langsame Pfeiftöne sowie schnelle Triller.

Lebensraum Vor allem in Waldland, Hecken, Parks und Gärten.

Nahrung Sucht auf Bäumen nach Insektenlarven, Spinnen, Samen, Nüssen und Früchten. Besucht Futterspender, mag Erdnüsse und Fett. Legt Vorräte in Rindenspalten an. Sucht auch alte Steinmauern ab

Brutbiologie Nistet in Wäldern und Parks. Nimmt Nistkästen mit großem Einflugloch an, verkleinert das Loch oft mit Schlamm. Brutsaison ab April. Eine Brut mit 6–8 weißen, rotbraun gefleckten Eiern, Brutdauer 16–17 Tage. Die Jungen sind nach 24–25 Tagen flügge.

Pflanzen An Bäume gebunden, v. a. an Buchen, Eichen und Ahorn.

Wasser Trinkt und badet in Teichen und Vogeltränken.

BAUMLÄUFER

WALDBAUMLÄUFER

Certhia familiaris

Größe Länge: 12–14 cm. Flügelspanne: 18–21 cm. Gewicht: 8–12 g.

Merkmale Schlank, gekrümmter, spitzer Schnabel, hämmert keine Samen auf. Lange Zehen und gekrümmte Krallen, stützt sich mit dem Schwanz ab, klettert Baumstämme hinauf. Ein schlanker, mausähnlicher Vogel, der an Baumstämmen klettert. Oberseite braun gestrichelt, Unterseite weiß.

Verbreitung Jahresvogel fast überall in Europa außer im Süden und Südwesten.

Stimme Ruft dünn, hoch *siii*, rauer *sriiih*. Gesang hohe, abfallende Strophe aus *sii*-Lauten, endet mit Schnörkel.

Lebensraum Vor allem in Waldländern, Hecken, Parks und Gärten.

Nahrung Sammelt Insekten von Baumrinde ab, nicht am Boden. Besucht keine Futterspender.

Brutbiologie Nest in Spalten oder hinter abstehender Borke aus Zweigen, Kiefernnadeln und Gras, ausgekleidet mit Federn, Moosen oder Flechten. Brutsaison von April bis Juli. 2 Bruten, Gelege mit 5–6 weißen, leicht gesprenkelten Eiern, Brutdauer 13–17 Tage. Die Jungen sind nach 15–17 Tagen flügge.

Pflanzen Oft an Eichen, Erlen und Nadelbäumen. Liebt alte *Wellingtonia*-Bäume: Höhlt ein Loch in der Rinde aus und ruht darin gegen den Stamm gedrückt.

Wasser Trinkt und badet in Teichen und Vogelbädern.

RABENVÖGEL

ELSTER

Pica pica

Größe Länge: 44–46 cm. Flügelspanne: 52–60 cm. Gewicht: 200–250 g.

Merkmale Langer, kräftiger Schnabel, um kleine Beute festzuhalten und Nahrung aufzubrechen. Kräftige, flache Füße, hält sich nicht oft an Ästen fest, keine sehr geschickte Kletterin. Charakteristisch schwarz und weiß mit langem, glänzendem Schwanz.

Verbreitung Jahresvogel in ganz Europa.

Stimme Schackerndes *tschäk-tschäk-tschäk*. Gesang leise schwätzend, selten.

Lebensraum In Waldland, Parks und Gärten.

Nahrung Sucht auf Feldern, großen Rasenflächen und in Parks Nahrung, wie Würmer, Larven sowie Insekten im Boden. Im Winter auch Beeren und Äpfel. Stiehlt Eier und kleine Jungvögel. Besucht keine Futterspender.

Brutbiologie Nistet in Waldland, Parks und Gärten mit Bäumen. Das Astnest ist groß und überdacht und mit feinerem Material ausgekleidet, in einem Baum oder einer hohen Hecke. Nimmt keine Nistkästen an. Brutsaison von März bis Juli. Meist nur eine Brut mit 5–6 grünblauen, braun gefleckten Eiern, 2. Brut, wenn die 1. ausfällt, Brutdauer etwa 20 Tage. Die Jungen sind nach etwa 25 Tagen flügge.

Pflanzen Verbaut Pflanzenteile im Nest, frisst auch Pflanzenteile. Sitzt oft in hohen Bäumen.

Wasser Trinkt und badet in Teichen und Vogeltränken.

RABENVÖGEL
EICHELHÄHER
Garrulus glandarius

Größe Länge: 34–35 cm. Flügelspanne: 52–58 cm. Gewicht: 140–190 g.

Merkmale Kurzer, dicker Schnabel, Kropf, in dem er Eicheln speichert. Kräftige, flache Füße. Rosabraun mit schwarz-weißen Flecken an Flügeln und Schwanz.

Verbreitung Jahresvogel in Europa.

Stimme Rau, kreischend *krrschä*, miauend *hijä*, ähnlich wie Mäusebussard.

Lebensraum In Waldland, Parks und Gärten.

Nahrung Frisst v. a. Eicheln, Nüsse und Insekten, stielt auch die Eier und Jungen anderer Vögel. Gelegentlich in Gärten mit viel Deckung, auf dem Rasen. Frisst Erdnüsse an Bodenfütterungen. Sammelt Nüsse und Eicheln und vergräbt sie im Boden, um sie Monate später zu holen.

Brutbiologie Nistet in Waldland mit großen Sträuchern und baut ein schüsselförmiges Nest. Nimmt keine Nistkästen an. Die Brutzeit beginnt im März. Typischerweise eine Brut im Jahr, 4–5 olivgrüne oder hellblaue Eier, brütet 16–18 Tage lang. Die Jungen sind nach 20–23 Tagen flügge.

Pflanzen Verbaut Pflanzen im Nest, frisst auch Pflanzenteile. Besonders an Eichen gebunden: Eichelhäher vergraben Eicheln, von denen einige keimen und zu jungen Bäumen heranwachsen.

Wasser Trinkt und badet in Teichen und Vogeltränken.

RABENVÖGEL
DOHLE
Coloeus monedula

Größe Länge: 30–34 cm. Flügelspanne: 64–73 cm. Gewicht: 215–225 g.

Merkmale Kräftiger Schnabel – ein Allzweckwerkzeug, um Samen, Früchte, Eier und Jungvögel zu fressen. Kräftige Beine, flache Füße. Kleiner grauschwarzer Rabenvogel mit grauem Hals und schwarzer Kappe.

Verbreitung Jahresvogel in Europa mit Ausnahme von Skandinavien.

Stimme Hell, scharf *kja*, heiser *kjärr* oder *kjaar*, mehrere variable Laute.

Lebensraum In Waldland, Parks und Gärten, auch in Stadtgebieten.

Nahrung Vor allem Insekten, Eier und Würmer, aber auch Früchte, Samen und Abfälle und die Eier und Jungvögel anderer Arten. Besucht in kleinen Gruppen Futterspender, Vogeltische und Bodenfütterungen, versucht sich auch an Futtersäulen.

Brutbiologie Nistet in Waldland, Parks und Gärten, oft in alten Kaminen oder Gebäuden, und in Felsnischen und Baumlöchern. Nimmt Nistkästen für Käuze an. Brutzeit ab März. Eine Brut mit 4–5 hellblauen Eiern, Brutdauer etwa 20–22 Tage. Die Jungen sind nach 32–33 Tagen flügge.

Pflanzen Verbaut Pflanzenmaterial im Nest, frisst auch Pflanzenteile.

Wasser Trinkt und badet an Teichen und in Vogelbädern.

RABENVÖGEL

SAATKRÄHE

Corvus frugilegus

Größe Länge: 45 cm. Flügelspanne: 90 cm. Gewicht: 430 g.

Merkmale Langer, spitzer Schnabel, kräftige Füße. Schwarz außer dem weißlichen Gesicht, mit lockerem Gefieder an den Flanken (glatter bei Aaskrähen). Abgerundeter Schwanz, lange, gefingerte Flügel. Jungvögel mit schwarzem Gesicht.

Verbreitung In Europa verbreitet und lokal häufig, außer im hohen Norden und Südwesten.

Stimme Heiser und rau *choah* oder *kaar*, v. a. in der Kolonie oft höhere und metallische Laute.

Lebensraum In Agrarland mit Alleen, Waldland, Parks in Vorstädten und großen Gärten.

Nahrung Frisst v. a. Würmer und Insektenlarven am Boden, im Herbst auch Abfälle und Samen. Immer gesellig, 10 bis über 1000 Vögel suchen im Schwarm Nahrung und ruhen gemeinsam. Frisst ungeschickt an hängenden Futterspendern.

Brutbiologie Nistet in Kolonien in hohen Bäumen, in Stadtgebieten dort, wo man Felder, Friedhöfe und Gärten überblicken kann. 5–200 Nester pro Kolonie (im Schnitt etwa 35), große Gebilde aus dicken Ästen und Pflanzenmaterial. Nestbau beginnt im März. Im April eine Brut mit 3–4 Eiern, Brutdauer 15–17 Tage. Die Jungen sind nach 32–34 Tagen flügge.

Pflanzen Verbaut Pflanzenmaterial beim Nisten in hohen Bäumen wie Eichen, Eschen, Buchen und Rosskastanie. In Grasland und auf Getreidefeldern.

Wasser Trinkt und badet in Bächen und Seen.

RABENVÖGEL

RABENKRÄHE

Corvus corone

Größe Länge: 44–51 cm. Flügelspanne: 84–100 cm. Gewicht: 370–650 g.

Merkmale Kräftiger, spitzer Schnabel und kräftige Beine und Füße. Schwarz, eckiger Schwanz.

Verbreitung Jahresvogel in Europa, im Osten kommt die grauschwarze Nebelkrähe *(Corvus cornix)* vor.

Stimme Rau krächzend *krra krra, krra*, auch kürzer *konk* und andere Varianten.

Lebensraum Waldland, Parks und Gärten, Moore und Heidegebiete.

Nahrung Frisst tote Tiere, Insekten, andere Wirbellose, in Gärten auch Würmer, Früchte und Sämereien. Beobachtet oft vom Ansitz aus die Lage. Frisst manchmal Futterreste, die aus dem Spender auf den Boden gefallen sind. Meistens scheu, in Stadtgebieten und an Küsten manchmal aggressiv.

Brutbiologie Nistet in Waldland, Parks und Gärten mit Bäumen. Nester meistens in hohen Bäumen oder auf Klippen, alten Gebäuden oder anderen hohen Strukturen. Die Nester aus Zweigen werden mehrere Jahre genutzt. Nimmt keine Nisthilfen an. Brutsaison ab April. Eine Brut mit 3–4 Eiern, Brutdauer 18–20 Tage. Die Jungen sind nach etwa 35 Tagen flügge.

Pflanzen Baut ein Nest aus dicken Zweigen und Pflanzenstängeln, v. a. in Laubbäumen.

Wasser Trinkt und badet in Teichen und Vogelbädern.

STARE

STAR

Sturnus vulgaris

Größe Länge: 19–21 cm. Flügelspanne: 37–42 cm. Gewicht: 75–90 g.

Merkmale Langer, spitzer Schnabel, die Augen sind nach unten gerichtet, um im Gras Nahrung zu suchen. Schlanke Beine, lange Zehen. Schwarz mit hellen Flecken, violett-grüner Schimmer. Jungvögel sind braun.

Verbreitung In Europa häufiger Jahresvogel. Die Vögel aus Osteuropa ziehen im Winter in den Westen.

Stimme Rufe kurz schwirrend *tjürr*, scharf *kätt* und heiser quäkend *stääh*. Gesang aus Pfeiftönen, klickenden, knackenden und krächzenden Lauten, ahmt andere Vogelstimmen und Geräusche nach.

Lebensraum In Waldland, Parks und Gärten, häufig in Stadtgebieten.

Nahrung Sucht auf Feldern in großen Schwärmen Nahrung. Sucht auf Rasen nach Engerlingen und anderen Wirbellosen. Besucht Futterspender, liebt Fettknödel, Fettblöcke, auch herabgefallene Sämereien.

Brutbiologie Nistet in Spalten in Bäumen, an Häusern und in Baumlöchern. Nester aus Stroh, Moos und Zweigen. Nimmt gern Nistkästen an Wänden oder auf einem Pfosten oder Baum im Garten an. Brutsaison ab April. Ein oder 2 Gelege mit 4–5 hellblauen Eiern, Brutdauer 12–15 Tage. Die Jungen sind nach ca. 21 Tagen flügge.

Pflanzen Verbaut Pflanzenteile im Nest, frisst Pflanzen. Ruht im Winter in dichter Vegetation und Schilfbeständen, oft zu vielen Tausenden. Die Schwärme fliegen am Himmel auf und ab, bevor sie sich niederlassen.

Wasser Trinkt und badet im Wasser.

SPERLINGE

HAUSSPERLING

Passer domesticus

Größe Länge: 14–15 cm. Flügelspanne: 21–26 cm. Gewicht: 24–38 g.

Merkmale Kurzer, dreieckiger Samenfresserschnabel, kleine, flache Füße. Männchen mit grauer Kappe und schwarzem Kinnlatz, graue Unterseite. Weibchen gestrichelt hellbraun. Unterseite einfarbig beige.

Verbreitung In ganz Europa Jahresvogel, außer in Italien und auf Island.

Stimme Lebhaft *tschilp*, lauter Chor im Schwarm. Gesang Serie von Tschilplauten.

Lebensraum Äcker und Felder, Parks und Gärten, oft im Stadtgebiet.

Nahrung Sammelt Insekten (auch Blattläuse für die Jungen) und Sämereien, in Büschen und auf Rasen. Besucht Futtersäulen, Vogelhäuschen und Bodenfütterungen. Wird oft von anderen Arten vertrieben, zusätzliche Futterspender sind deshalb hilfreich.

Brutbiologie Nistet in Höhlen, unter Dachtraufen oder in Außengebäuden und dichten Hecken. Nimmt spezielle Nisthilfen an. Die Brutsaison beginnt im April. Meist 2–3 Bruten, je nach Nahrungsangebot, 4–7 gesprenkelte Eier pro Gelege, Brutdauer 12–13 Tage. Die Jungen sind nach 15–17 Tagen flügge.

Pflanzen Verbaut Pflanzenteile im Nest. Braucht dichte Sträucher für sein Sozialverhalten.

Wasser Trinkt und badet in Teichen und Vogelbädern.

SPERLINGE
FELDSPERLING
Passer montanus

Größe Länge: 14–15 cm. Flügelspanne: 20–22 cm. Gewicht: 19–25 g.

Merkmale Kurzer, dreieckiger Samenfresserschnabel, kleine, flache Füße. Ähnelt dem Haussperlingsmännchen, aber mit brauner Kappe und schwarzem Wangenfleck.

Verbreitung Jahresvogel in ganz Europa.

Stimme Ruf laut tschilpend, zweisilbig *tschiwit*, hart *tett-ett-ett* im Flug.

Lebensraum Offene Parklandschaften mit alten Bäumen, Feuchtgebiete mit Gebüsch, große Gärten.

Nahrung Frisst Insekten und Samen, hüpft oft am Boden. Frisst Samenmischungen aus Futtersäulen, Futterhäuschen und Bodenfütterungen. Wird von anderen Arten oft vertrieben, profitiert von Futterspendern.

Brutbiologie Nistet in Baumlöchern. Nimmt Nistkästen an, mehrere Paare in einem kleinen Gebiet, wenn die Kästen ein wenig Abstand haben. Brutsaison von April bis August. Oft 2 Bruten mit je 5–6 Eiern, Brutdauer meist 12–13 Tage. Die Jungen sind nach 14 Tagen flügge.

Pflanzen Verbaut Pflanzenteile im Nest, frisst auch Pflanzen.

Wasser Trinkt und badet in Teichen und Vogelbädern.

FINKEN
BUCHFINK
Fringilla coelebs

Größe Länge: 14–16 cm. Flügelspanne: 24–29 cm. Gewicht: 18–29 g.

Merkmale Samenfresserschnabel und kleine, flache Füße. Männchen mit grauem Kopf und rosa Unterseite. Weibchen eher olivgrün, Unterseite einfarbig beigegrau. Beide Geschlechter mit schwarzen Flügeln mit breiten weißen Bändern.

Verbreitung Brütet in ganz Europa. Vögel aus dem Norden ziehen im Winter in den Süden.

Stimme Weich *tjüpp*, häufig *pink*. Gesang etwa *zit-zit-zit-set-set-set-set-wighlio*.

Lebensraum Wälder, Felder, Hecken, Parks und Gärten.

Nahrung Frisst im Sommer Insekten, füttert seine Jungen mit Raupen und Samen. Nimmt Samenmischungen von Futtersäulen, Futtertischen und Bodenfütterungen an, in der Brutzeit auch Beeren und Samen von Bäumen und Sträuchern.

Brutbiologie Nester in Hecken und Sträuchern, kleiner hübscher Napf aus Gras, mit Tierhaaren ausgekleidet. Nimmt keine Nistkästen an. Die Brutsaison beginnt im April. Eine Brut, 4–5 hellblaue, gefleckte Eier, Brutdauer 11–13 Tage. Die Jungen sind nach etwa 18 Tagen flügge.

Pflanzen Braucht Bäume und Sträucher, sucht auch auf Rasenflächen Nahrung.

Wasser Trinkt und badet in Teichen und Vogelbädern.

FINKEN

BERGFINK

Fringilla montifringilla

Größe Länge: 14–16 cm. Flügelspanne: 25–26 cm. Gewicht: 23–25 g.

Merkmale Samenfresserschnabel und kleine Füße. Ähnlich Buchfink, aber mit orangefarbener Brust und weißem Bauch. Weißer Bürzel, Flügelbänder beige-orange, Kopf grau, Schnabel gelb. Männchen im Frühjahr mit schwarzem Kopf, Rücken und Schnabel.

Verbreitung Brütet in Nord- und Nordosteuropa. Zieht im Winter nach Westen.

Stimme Hart *tjäck*, nasal *tä-ähp*.

Lebensraum Waldland, Parks und Gärten.

Nahrung Sucht unter Buchen und anderen Bäumen nach Samen, auch auf Feldern und in Gärten, besucht Futtersäulen und Futterhäuschen.

Brutbiologie In dichtem Waldland, Hecken und Brombeergebüsch. Nimmt keine Nistkästen an. Nester aus Zweigen und Moosen. Brütet von April bis August. 4–6 Eier. Die Jungen sind nach 11–13 Tagen flügge.

Pflanzen Ist an Buchen gebunden.

Wasser Trinkt und badet im Wasser.

FINKEN

STIEGLITZ

Carduelis carduelis

Größe Länge: 12–13 cm. Flügelspanne: 21–26 cm. Gewicht: 14–19 g.

Merkmale Langer, dreieckiger Schnabel eignet sich zum Aufpicken weicher Samen aus Samenständen. Kleine Füße, lange Krallen. Hellbraun mit rot-schwarz-weißem Gesicht, schwarze Flügel mit breiten gelben Bändern.

Verbreitung Jahresvogel in Europa außer im hohen Norden.

Stimme Ruf munter, zwitschernd *li-ke-lil*. Gesang aus Rufen und flüssigen Trillern.

Lebensraum In Waldländern, Parks und Gärten.

Nahrung Sucht v. a. in offenen Grasländern nach Grassamen, Disteln und Karden. Frisst auch auf Erlen. Häufiger Gartenbesucher, mag Samenmischungen aus Futtersäulen und liebt Nigersaat in speziellen Futterspendern.

Brutbiologie Nistet hoch in Laubbäumen. Rundes, ordentliches Nest, oft am Ende eines Zweigs, aus Wurzeln, Gras und Spinnweben, ausgelegt mit Haaren von Disteln, Tierhaaren und Moos. Brutzeit beginnt Ende April. 2 Bruten im Jahr, je 5 hellblaue Eier mit rötlicher Zeichnung, Brutdauer 13–15 Tage. Die Jungen sind nach 14–17 Tagen flügge. Nimmt keine Nistkästen an.

Pflanzen Bevorzugt Laubbäume wie Pappeln und Ahorn. Braucht löwenzahnähnliche Samenstände, Gräser und andere Pflanzen mit weichen Samen.

Wasser Trinkt und badet an Teichen und Vogelbädern.

FINKEN
GRÜNFINK
Chloris chloris

Größe Länge: 14–16 cm. Flügelspanne: 21–26 cm. Gewicht: 26–29 g.

Merkmale Dicker dreieckiger Samenfresserschnabel, Füße zum Greifen. Grün mit rosa Schnabel und gelben Streifen an Flügeln und Schwanz. Die Jungvögel sind matter und unauffälliger gefärbt.

Verbreitung In Europa weit verbreitet.

Stimme Oft in langsamem Singflug über Hecken. Ruf kurz *jiip*, ansteigend *juit*. Gesang: Serien von Trillern und Summen, etwa *djjüp-djüp-djüp-dürrrr*.

Lebensraum In Waldland, Parks und Gärten, v. a. in alten, dichten Hecken.

Nahrung Frisst Samen und im Sommer Insekten, im Herbst und Winter viele Beeren. Holt sich oft Samen und Erdnüsse aus hängenden Futterspendern und auf den Boden gefallene Sämereien.

Brutbiologie Nistet in Nadelbäumen und Hecken in Gärten und im Waldland. Offene Nester aus dünnen Zweigen, ausgelegt mit Moos und Tierhaaren. Nimmt keine Nistkästen an. Die Brutsaison beginnt im Mai. 2 Bruten, Gelege mit je 4–5 Eiern, Brutdauer 14–15 Tage. Die Jungen sind nach 16 Tagen flügge.

Pflanzen Verbaut in den Nestern Pflanzenmaterial, frisst auch Pflanzenteile. Sammelt die Samen von Bäumen und Gräsern sowie Beeren von Holunder, Weißdorn, Cotoneaster und Brombeeren.

Wasser Trinkt und badet in Teichen und Vogelbädern.

FINKEN
ERLENZEISIG
Carduelis spinus

Größe Länge: 11–12 cm. Flügelspanne: 20–23 cm. Gewicht: 12–18 g.

Merkmale Schlanker, spitzer Samenfresserschnabel und kleine Füße, klettert geschickt an kleinen Zweigen. Männchen grün und gelb mit schwarzer Kappe und schwarz-gelben Flügeln. Weibchen grauer, Unterseite weißer, ohne Kappe.

Verbreitung In Nord- und Nordosteuropa lokal häufig. Viele Vögel ziehen im Winter in den Süden.

Stimme Ruf nasal *deäh*, kurz *te-te-te*. Gesang mit Trillern und Zwitschern. Im Winter laute, schwatzende Chöre der Schwärme.

Lebensraum Nadel- und Mischwälder im Sommer, im Winter in Erlen und anderen Bäumen an Waldlichtungen, Ufern und Seen.

Nahrung Sucht in Waldland Nahrung, besucht Gärten, wo er Samenmischungen aus Futtersäulen und Nigersamen aus speziellen Fütterungen frisst.

Brutbiologie Nistet auf Nadelbäumen. Nimmt keine Nistkästen an. Die Brutzeit beginnt im Mai. Paare haben oft 2 Bruten im Jahr, Gelege mit 4–5 blassblauen Eiern, Brutdauer 12–13 Tage. Die Jungen sind nach 13–15 Tagen flügge.

Pflanzen Besucht im Winter Erlen und Birken, brütet in Nadelwäldern mit Lärchen und Fichten.

Wasser Trinkt und badet in Teichen und Vogelbädern.

FINKEN

GIMPEL

Pyrrhula pyrrhula

Größe Länge: 14–17 cm. Flügelspanne: 22–26 cm. Gewicht: 21–27 g.

Merkmale Dicker Samenfresserschnabel, um weiche Samen und Knospen zu fressen. Kleine, flache Füße. Männchen grau am Rücken, Unterseite kräftig hellrot, mit schwarzer Kappe und Kinn.

Verbreitung In Europa weit verbreitet. Vögel aus dem Norden ziehen im Winter in den Süden.

Stimme Ruf tief, Pfeifen. Gesang langsam mit Rufen und kratzenden Tönen.

Lebensraum In Waldland, Parks und Gärten.

Nahrung Sucht im Gebüsch und in Laubbäumen Nahrung, frisst die Samen niedriger Kräuter und im Frühjahr die Knospen von Obstbäumen.

Brutbiologie Nistet in Hecken und Sträuchern oder niedrigen Bäumen mit dichtem Laub. Die Brutsaison beginnt im Mai. 2 oder 3 Bruten, 4–5 Eier, die 14–16 Tage lang ausgebrütet werden. Nimmt keine Nistkästen an.

Pflanzen An Erlen und Pflanzen mit weichen Beeren gebunden. Reife Brombeeren, Knospen und Triebe von Obstbäumen. Viele einheimische Pflanzen.

Wasser Trinkt und badet an Teichen und Vogelbädern.

FINKEN

BLUTHÄNFLING

Carduelis cannabina

Größe Länge: 12–14 cm. Flügelspanne: 21–25 cm. Gewicht: 15–20 g.

Merkmale Kurzer, kräftiger Schnabel, kleine Füße, lange Krallen. Hält sich an Zweigen fest. Braun und beigebraun mit dunkleren Streifen. Männchen im Sommer bunter, mit hellroter Stirn und Brust.

Verbreitung In weiten Teilen Europas, nicht in Nordskandinavien. Im Norden und Osten im Sommer anwesend, im Westen Jahresvogel.

Stimme Ruf im Flug *tick-itt* oder *tett-tett-tett*. Gesang mit ähnlichen Rufen sowie pfeifenden, melodischeren Lauten.

Lebensraum Verwilderte Grün- und Ruderalflächen, Ackerflächen, Heidegebiete, Parks, Friedhöfe, Gärten.

Nahrung Sucht das ganze Jahr über Sämereien am Boden. Nestlinge werden mit Insekten gefüttert. Besucht Bodenfütterungen, bevorzugt kleine Samen.

Brutbiologie Kleiner Napf aus Grashalmen und Wurzeln, mit Haaren ausgekleidet, oft in dichten jungen Nadelbäumen oder Hecken. Brutsaison von April bis Juli. 4–6 Eier, 2–3 Jahresbruten. Die Jungen sind mit etwa 14 Tagen flügge.

Pflanzen Liebt Samen von Gräsern, Mieren, Löwenzahn, Disteln und anderen Kräutern sowie Bäumen.

Wasser Trinkt und badet an Wasserstellen.

REGISTER DER DEUTSCHEN VOGELNAMEN

REGISTER

H

J

K

L

M

N

O

P

BILDNACHWEIS

Der Verlag dankt folgenden Personen und Organisationen für die freundliche Genehmigung zum Abdruck von Fotos:
(Abkürzungen: o = oben, u = unten, m = Mitte, l = links, r = rechts, g = ganz)
1 Dreamstime.com: Wildlife World (mro). **Getty Images:** Stockbyte / John Foxx (mu). **2 Alamy Stock Photo:** blickwinkel / Woike (ur). **Dreamstime.com:** Isselee (gul); Keithpritchard (um); Wildlife World (ul). **3 Dreamstime.com:** Max5128 (mlo); Wildlife World (mro). **4 Dreamstime.com:** Wildlife World (mlu). **5 Dreamstime.com:** Scooperdigital (mlu). **Getty Images:** Stockbyte / John Foxx (gom). **7 wildlifeworld.co.uk. 8 Dreamstime.com:** Natalia Bachkova (gol). **iStockphoto.com:** Andrew_Howe (um). **9 Dreamstime.com:** Kseniya Bogdanova (gor). **10 Alamy Stock Photo:** Graham Prentice. **12 naturepl.com:** Stephen Dalton (um). **14 Getty Images:** Stockbyte / John Foxx (mlo). **15 Dreamstime.com:** Ornitolog (mlu). **16 Alamy Stock Photo:** hemis.fr / Dominique Delfino (ur); imageBROKER / Marcus Siebert (gor). **17 Alamy Stock Photo:** Arterra Picture Library / Clement Philippe (ml); Oliver Smart (ul). **18 Alamy Stock Photo:** Oleh Honcharenko (mr); YK (ul/Amselweibchen). **Dreamstime.com:** Jessamine (ul). **19 Dreamstime.com:** Rostislav Kralik (ml); Thejipen (gor), Kuidu Rummel (gor/Elstor). **20 Dreamstime com:** Cheryl Davis (ul). **21 Dreamstime.com:** Natalia Bachkova (um); Balázs Justin (gol). **23 Dreamstime.com:** Borislav Borisov / Filev (mr). **24 Dreamstime.com:** Vasyl Helevachuk (om). **26 Dreamstime.com:** Benjaminboeckle (ml); Mikelane45 (mru). **27 Dreamstime.com:** Gallinagomedia (gol); Wildlife World (ur). **28 Dreamstime.com:** Vasiliy Vishnevskiy (ml). **30 Dreamstime.com:** Gajus (mlu). **31 Alamy Stock Photo:** blickwinkel / W. Buchhorn / F. Hecker (gor); Colin Waite (ul). **32 Dreamstime.com:** Kseniya Bogdanova (mlo). **iStockphoto.com:** Andrew_Howe (um). **33 Alamy Stock Photo:** Ruddy Perlak (gor). **Dreamstime.com:** Scooperdigital (um). **34 Dreamstime.com:** Borislav Borisov / Filev (gol). **Getty Images:** Stockbyte / John Foxx (mlo). **36 Dreamstime.com:** Toby Gibson. **38 Getty Images:** Stockbyte / John Foxx (ul). **39 Dreamstime.com:** Natalia Bubochkina (gol); Mikelane45 (ml); Wildlife World (mr). **40 Dreamstime.com:** Borislav Borisov / Filev (ul). **41 Dorling Kindersley:** Liberty's Owl, Raptor and Reptile Centre, Hampshire, UK (mlo). **Dreamstime.com:** Eng101 (ul); Isselee (mro). **48 Alamy Stock Photo:** Simon J. Beer (mr); wildlifeworld.co.uk: (ml). **49 Alamy Stock Photo:** Chris Howes / Wild Places Photography (mr). wildlifeworld.co.uk: (ml). **50 Alamy Stock Photo:** Tim Gainey (mr); Nature Picture Library / Ben Hall / 2020VISION (gol). **51 Alamy Stock Photo:** rainerbanks (gor); Dominic Robinson (gol). **Dreamstime.com:** Anna Barwick (ur). **58 Alamy Stock Photo:** Kristina Blokhin (mlo). **Dreamstime.com:** Sarah Marchant (m). **61 123RF.com:** Ian Grainger (mr). **Alamy Stock Photo:** Linda Kennedy (ur). **Dreamstime.com:** Andrew Norris (ul). **wildlifeworld.co.uk:** (gol). **66 CJ Wildlife: www.birdfood.co.uk:** (gom). **69 Alamy Stock Photo:** blickwinkel. **71 Dreamstime.com:** Manfredxy. **72 CJ Wildlife: www.birdfood.co.uk. 73 Dreamstime.com:** Borislav Borisov / Filev (mru). **74 CJ Wildlife: www.birdfood.co.uk:** (ml, mr). **75 Alamy Stock Photo:** Sally Andrews (mr); David Tipling Photo Library (ml). **76 CJ Wildlife: www.birdfood.co.uk:** (mlu, mru). **77 123RF.com:** Hans Christiansson (gol). **Alamy Stock Photo:** Paul Mogford (ml); Nick Upton (ul). **78 wildlifeworld.co.uk. 79 wildlifeworld.co.uk:** (ul). **83 wildlifeworld.co.uk:** (ml). **84 Alamy Stock Photo:** David Tipling Photo Library (mru); Paul Mogford (om). **85 CJ Wildlife: www.birdfood.co.uk:** (ml, mlo). **88 Alamy Stock Photo:** Liam Bunce (ul). **92 Dreamstime.com:** Miriam Doerr (ul). **93 Alamy Stock Photo:** blickwinkel / Hecker (go). **94 Alamy Stock Photo:** Arterra Picture Library / Arndt Sven-Erik (mlo). **96 Alamy Stock Photo:** Paul Harvard Evans. **104 Dorling Kindersley:** Downderry Nursery (mru); RHS Wisley (mr, mlu). **105 Dorling Kindersley:** Neil Fletcher (gol); RHS Wisley (gor). **107 Dorling Kindersley:** Natural History Museum, London (ml, mlu, m). **Dreamstime.com:** Natalia Bachkova (om); Wirestock (gol); Mikelane45 (gom); Vasyl Helevachuk (mlo); Sushil Chikane (ml/Seidenspinner). **110 Dreamstime.com:** Stuartan (mro). **111 Dreamstime.com:** Mikelane45 (um). **112 123RF.com:** Leonid Ikan (mru). **Alamy Stock Photo:** Arterra Picture Library / Arndt Sven-Erik (ml). **Dorling Kindersley:** Neil Fletcher (mlu). **Dreamstime.com:** Jarkko Jokelainen (mr). **113 Alamy Stock Photo:** FLPA (mru). **114 Dreamstime.com:** Joan Egert (ul). **116 Dreamstime.com:** Jeans550 (mr); Calvin L. Leake (mru). **117 Dreamstime.com:** Poravute Siriphiroon (gol). **120 Dreamstime.com:** Mikelane45 (gom); Scooperdigital (um). **122 Alamy Stock Photo:** Duncan Usher. **124 Dreamstime.com:** Mikelane45 (mr). **126 Dreamstime.com:** Misterlez (u). **127 Alamy Stock Photo:** Steven Scott Taylor (gor). **133 Dorling Kindersley:** Forrest L. Mitchell / James Laswel (ml). **Dreamstime.com:** Rudmer Zwerver / Creativenature1 (um). **139 Alamy Stock Photo:** Arterra Picture Library / Arndt Sven-Erik (gor); Toby Houlton (mru). **Dreamstime.com:** Roman Ivaschenko (gol). **wildlifeworld.co.uk:** (mr). **140 Alamy Stock Photo:** DP Wildlife Invertebrates (mlu). **naturepl.com:** Tom Walmsley (mru). **141 Dreamstime.com:** Rostislav Stefanek (mlo). **143 Alamy Stock Photo:** Mike Ford (gol). **144 Alamy Stock Photo:** Eye vision (om/Futterspender). **CJ Wildlife: www.birdfood.co.uk:** (um). **Dreamstime.com:** Keithpritchard (om). **145 CJ Wildlife: www.birdfood.co.uk:** (gor). **146 Alamy Stock Photo:** Snapsista / Stockimo. **148 CJ Wildlife: www.birdfood.co.uk:** (mru, mro). **149 Alamy Stock Photo:** Eye vision (gom). **150 Dreamstime.com:** Ian Mcglasham (ul). **151 Alamy Stock Photo:** David Bratley (go). **152 Alamy Stock Photo:** Gillian Pullinger (ul). **153 Alamy Stock Photo:** Gillian Lloyd (gol). **Dreamstime.com:** Whiskybottle (ur). **154 Dorling Kindersley:** Liberty's Owl, Raptor and Reptile Centre, Hampshire, UK (m). **Dreamstime.com:** Eng101 (om); Wildlife World (mlu, mgl); Vasyl Helevachuk (ul). **155 Dreamstime.com:** Keithpritchard (gor); Max5128 (mro); Wildlife World (om). **156 Alamy Stock Photo:** Arterra Picture Library / Clement Philippe. **158 Alamy Stock Photo:** David Tipling Photo Library / David Tipling (gol). **Dreamstime.com:** Alantunnicliffe (gol). **naturepl.com:** Guy Edwardes (ur). **159 Dorling Kindersley:** Chris Gomersall Photography (gol). **Dreamstime.com:** Narupon Nimpaiboon (gol); Suerob (ur). **160 Alamy Stock Photo:** blickwinkel / AGAMI / M. van Duijn (mro). **Dorling Kindersley:** Chris Gomersall Photography (gul). **Dreamstime.com:** Mikelane45 (gom); Sandra Standbridge (ul). **161 123RF.com:** Gert Hilbink (gol). **162 Dreamstime.com:** Gallinagomedia (ur); Isselee (gol). **163 Dreamstime.com:** Mircea Bezergheanu (gom); Eng101 (ur). **164 Dreamstime.com:** Mikelane45 (gor); Ornitolog (ul). **165 Dreamstime.com:** Lee Amery (ul); Keithpritchard (ur). **166 Dreamstime.com:** Vasiliy Vishnevskiy (ur); Wildlife World (gol). **167 Alamy Stock Photo:** Tim Gainey (ur). **Dreamstime.com:** Adrian Eugen Ciobaniuc (gol). **168 Alamy Stock Photo:** blickwinkel / Woike (mro). **Dreamstime.com:** Menno67 (gor); Juan Carlos Martínez Salvadores (ul, gul). **169 Dreamstime.com:** Vasyl Helevachuk (ul); Stuartan (ur). **170 Dorling Kindersley:** Mike Lane (ur). **Dreamstime.com:** Agami Photo Agency (gol). **171 Dreamstime.com:** Bluetoes67 (gol); Vasyl Helevachuk (mru); Broker (ur). **172 123RF.com:** Michael Lane (gol). **Dreamstime.com:** Vasyl Helevachuk (gor). **173 Alamy Stock Photo:** Nature Photographers Ltd / Paul R. Sterry (ur). **Dreamstime.com:** Wirestock (ul). **174 Dreamstime.com:** Ornitolog (gom); Martin Pelanek (gol). **175 Dreamstime.com:** Max5128 (gor); Vasyl Helevachuk (ul). **177 123RF.com:** Michael Lane (ur). **Alamy Stock Photo:** Nature Picture Library / Colin Varndell (gol). **178 Dreamstime.com:** Isselee (ur). **180 Dreamstime.com:** Vasiliy Vishnevskiy (gol). **181 Dreamstime.com:** Isselee (mru); Kostya Pazyuk (gol); Wildlife World (ur). **182 Dreamstime.com:** Narupon Nimpaiboon (gol); Wildlife World (gom, gor). **183 Dreamstime.com:** Wildlife World (gor, ul). **184 Dreamstime.com:** Vasyl Helevachuk (ur); Wildlife World (mru). **185 Dreamstime.com:** Javier Garcia Seijas (mlo); Wildlife World (gol, ur).

Cover: *Vorn:* **FLPA:** Martin Grimm, BIA / Minden Pictures (mr). Peter Hering / Minden Pictures (mlo). J.-L. Klein und M.-L. Hubert (ml). Paul Sawer (ro). **Getty Images:** Arterra (ru) *Hinten:* **Dreamstime.com:** Wildlife World (ro)
Buchrücken: FLPA: Martin Grimm, BIA / Minden Pictures.

Weitere Informationen unter: www.dkimages.com

DK | Penguin Random House

DK London / Delhi

Lektorat Mary Clare Jerram, June Simmonds, Ruth O'Rourke, Stephanie Farrow, Amy Slack, Toby Mann
Gestaltung und Bildredaktion Maxine Pedliham, Christine Keilty, Jessica Tapolcai, Amy Child, Surya Sankash Sarangi, Taiyaba Khatoon
Umschlaggestaltung Saffron Stocker, Lucy Philpott
Herstellung Tony Phipps, Kariss Ainsworth, Luca Bazzoli

Für die deutsche Ausgabe:
Programmleitung Monika Schlitzer
Redaktionsleitung Dr. Kerstin Schlieker
Projektbetreuung Manuela Stern
Herstellungsleitung Dorothee Whittaker
Herstellungskoordination Claudia Rode
Herstellung Jenny Kolbe

Titel der englischen Originalausgabe:
How to attract birds to your garden

Übersetzung Eva Sixt
Lektorat Christine Ritter

ISBN 978-3-8310-4158-9

Druck und Bindung TBB, a.s., Slowakei

FSC www.fsc.org MIX Aus verantwortungsvollen Quellen FSC® C022120

www.dk-verlag.de

Über die Autorin
Dan Rouse ist eine naturbegeisterte Ornithologin aus Swansea in South Wales. Sie verbringt viel Zeit damit, mit ihrem Spektiv oder Fernglas die Vögel an den Küsten Englands zu beobachten. Dan liebt es über alles, von Vögeln umgeben zu sein, deshalb hat sie auch ihren Garten vogelfreundlich gestaltet. Sie war in TV-Shows zu Gast, unter anderem bei *Urban Nature* (BBC 1) und *Coast & Country* (ITV). Regelmäßig kann man sie auch im Radio hören (BBC Radio Cymru, BBC Radio Wales und BBC Radio 4), wo die Expertin ihr Wissen über die Vogelwelt mit anderen teilt.

Dan auf Social-Media-Plattformen:
Twitter: **@DanERouse**
Instagram: **@danerouse**
Youtube: **Dan Rouse**
Facebook: **DanERouseTV**

Dank der Autorin
Mein allergrößter Dank gilt meinem Vater, der immer für mich da war und meine Liebe zu den Vögeln unterstützt hat. Nur deshalb wurde ich zu der begeisterten Ornithologin, die ich heute bin. Schon als ich ein Kind war, brachten wir an jedem Zaun einen Nistkasten an, und in unserer Garage lagerte immer jede Menge Vogelfutter. Heute engagiere ich mich leidenschaftlich für den Vogelschutz und veröffentliche Beiträge zu diesem wichtigen Thema in verschiedenen Medien.

Auch vielen anderen Menschen gilt mein Dank für ihre Liebe und Unterstützung, vor allem meinem Bruder, meiner Mutter und Chris, Sam und meinen engsten Freunden. Ohne sie könnte ich nicht das tun, was ich heute mache.

Ein großer Dank geht auch an das Team von Wildlife World, weil ich die Fotos und fantastischen Produkte verwenden durfte.

Dank des Verlags
DK dankt Rob Hume, der bei diesem Buch beratend tägig war, und Vanessa Bird für das Register.